Florist
화훼장식용
꽃식물 도감

김혜정 편저

* 절화
* 절지 · 절엽
* 열매

 일진사

│ 머리말 │

꽃은 사람들의 마음을 움직이는 힘을 가지고 있다. 꽃은 마음을 치유하기도 하고 인간의 병을 고치기도 한다. 우리는 흔히 사람의 얼굴이나 마음을 꽃이름에 비유하여 부르기도 한다.

이렇듯 우리 인간들은 늘 살아 숨 쉬는 꽃과 식물을 가까이 두고 싶어 한다. 때로는 꽃에게 위안을 받거나, 새순이 돋는 식물을 보면서 희로애락을 그려보기도 한다.

화훼장식은 기원전부터 시작되었다고 한다. 자연 상태의 식물을 보는 것에서 시작하여 꽃을 재배하고 그 꽃으로 주변을 예쁘게 꾸며 감상하는 이른바 화훼장식 문화는 엄청난 규모로 성장하여 산업의 한 분야로 자리매김한 지 오래이다.

화훼시장에 나가보면 산과 들에서 피어나는 야생화를 비롯하여 농가에서 재배되는 수많은 화훼장식용 식물들이 그 수를 헤아리기조차 어려울 정도로 많다.

이렇듯 많은 꽃과 식물들이 시중에 유통되지만 대부분의 사람들은 정확한 식물의 이름을 몰라 인터넷으로 검색을 시도해보지만 꽃의 이름을 모르니 검색할 수가 없다. 겨우 찾았다 해도 현장에서 부르는 이름과 달라서 식물의 자세한 특성을 알지 못해 답답할 때가 많다. 미약하지만 본 책이 그 해답이 되었으면 좋겠다는 생각을 소심하게 가져본다.

이 책은 어느 특정한 전문가들을 위한 책이라기보다는 꽃과 식물을 사랑하는 모든 이들이 꽃의 이름과 특성 그리고 꽃이 상징하는 의미 등을 자세히 알아볼 수 있도록 사진을 곁들여 설명하였다. 또한 화훼장식과 관련된 대부분의 소재들도 불편함 없이 찾아볼 수 있도록 구성하였다.

끝으로, 본 도감이 나오기까지 4여 년을 불철주야 고생해 주신 **일진사** 편집부 직원 여러분께 깊은 감사를 드린다. 또한 여러 가지로 부족한 원고를 받아 마지막까지 다듬고 보충해주신 김영분 님 그리고 저의 여러 제자에게도 깊은 감사를 드린다.

저자 김혜정

| 차례 |

절화

거베라 ----------- 10

고수 ------------ 12

골든볼 ----------- 14

공작초 ----------- 16

과꽃 ------------ 18

국화 ------------ 20

극락조화 ---------- 22

글라디올러스 ------- 24

글로리오사 -------- 26

금어초 ----------- 28

금잔화 ----------- 30

꽃범의꼬리 -------- 32

끈끈이대나물 ------- 34

나리 ------------ 36

네리네 ----------- 38

달리아 ----------- 40

델피니움 ---------- 42

도라지 ----------- 44

두메부추 ---------- 46

등골나물 ---------- 48

라넌큘러스 -------- 50

라넌큘러스 버터플라이 ---- 52

라이스플라워 -------- 54

라일락 ----------- 56

레이스플라워 ------- 58

루드베키아 -------- 60

루피너스 ---------- 62

리시안서스 -------- 64

리아트리스 -------- 66

맨드라미 ---------- 68

메리골드 ---------- 70

멕시칸세이지 ------- 72

모나라벤더 -------- 74

모카라 ----------- 76

몬트부레치아 ------- 78

무스카리 ---------- 80

물망초꽃 ---------- 82

미메테스 ---------- 84

밀짚꽃 ----------- 86

반다 ------------ 88

밥티시아 ---------- 90

방크시아 ---------- 92

백일홍 ----------- 94

버질리아 ---------- 96

베로니카 ---------- 98

복숭아꽃 ---------- 100

부들레야 ---------- 102

부바르디아 -------- 104

부플레움 ---------- 106

불두화 ----------- 108

불로초 ----------- 110

브루니아 ---------- 112

블러싱브라이드 ------- 114

상사화 - - - - - - - - - - 116
샐비어 - - - - - - - - - 118
석죽 - - - - - 120
솔리다고 - - - - - - - - - - 122
솔리다스터 - - - - - - - - 124
수국 - - - - - - - 126
수선화 - - - - - - - - 128
숙근스타티스 - - - - - - 130
숙근안개초 - - - - - - - - 132
스카비오사 - - - - - - - - 134
스타티세 - - - - - - - - - - 136
스톡 - - - - - - - - - 138
심비디움 - - - - - - - - - - 140
쑥국화 - - - - - - - - - - 142
아가판서스 - - - - - - - - 144
아게라툼 - - - - - - - - - 146
아네모네 - - - - - - - - - 148
아마릴리스 - - - - - - - - 150
아스클레피아스 - - - - - 152
아스틸베 - - - - - - - - - 154
아이리스 - - - - - - - - - 156
아킬레아 - - - - - - - - - 158
아티초크 - - - - - - - - - 160
안수리움 - - - - - - - - - 162
알리움 기간테움 - - - - - 164
알리움 네아폴리타눔 - - - - - 166
알스트로메리아 - - - - - - 168
암대극 - - - - - - - - - - 170
에린기움 - - - - - - - - - 172
에키네시아 - - - - - - - - 174
에키놉스 - - - - - - - - - 176

오니소갈룸 - - - - - - - - - 178
왁스플라워 - - - - - - - - 180
용담 - - - - - - - - - 182
유채 - - - - - - - 184
율두스 - - - - - - - - 186
익시아 - - - - - - - - 188
잎안개 - - - - - - - - 190
작약 - - - - - - - 192
장미 - - - - - - - 194
제비고깔 - - - - - - - - 196
줄맨드라미 - - - - - - - 198
천일홍 - - - - - - - - 200
철쭉 - - - - - - - - 202
층꽃나무 - - - - - - - - 204
카네이션 - - - - - - - - 206
칼라 - - - - - - - 208
칼랑코에 - - - - - - - - 210
캄파눌라 - - - - - - - - 212
캥거루발톱 - - - - - - - 214
케로네 리오니 - - - - - - 216
쿠르쿠마 - - - - - - - - 218
클레마티스 - - - - - - - 220
튤립 - - - - - - - 222
트라첼리움 - - - - - - - 224
트리토마 - - - - - - - 226
트위디아 - - - - - - - 228
티젤 - - - - - - - 230
팔레놉시스 - - - - - - - 232
펜스테몬 - - - - - - - - 234
푼또기 - - - - - - - 236
풀협죽도 - - - - - - - 238
프로테아 - - - - - - - - 240

프리지어 --------- 242
핀쿠션 ---------- 244
해바라기 --------- 246
협죽도 ---------- 248
홍조팝 ---------- 250
홍화 ----------- 252
히아신스 --------- 254

절지·절엽

가는잎조팝나무 ------- 258
개나리 ---------- 260
갯버들 ---------- 262
공조팝나무 -------- 264
광나무 ---------- 266
꽃양배추 --------- 268
남천 ----------- 270
너도밤나무 -------- 272
네프롤레피스 ------- 274
노랑말채나무 ------- 276
노박덩굴 --------- 278
다래나무 --------- 280
다정큼나무 -------- 282
동백나무 --------- 284
드라세나 --------- 286
라티폴리움 -------- 288
레몬잎 ---------- 290

레우카덴드론 ------- 292
루모라고사리 ------- 294
루스쿠스 --------- 296
마취목 ---------- 298
만첩홍매화 -------- 300
말냉이 ---------- 302
맥문아재비 -------- 304
목련 ----------- 306
몬스테라 --------- 308
무늬둥굴레 -------- 310
미국자리공 -------- 312
배어그래스 -------- 314
백묘국 ---------- 316
벚나무 ---------- 318
부들 ----------- 320
붉나무 ---------- 322
사스레피나무 ------- 324
사철나무 --------- 326
산당화 ---------- 328
산수유나무 -------- 330
삼나무 ---------- 332
삼지닥나무 -------- 334
서양측백나무 ------- 336
석송 ----------- 338
석화버들 --------- 340
설악초 ---------- 342
소귀나무 --------- 344
소철 ----------- 346
속새 ----------- 348

수수 ---------------- 350
쉬땅나무 ------------- 352
신서란 --------------- 354
아레카야자 ----------- 356
아스파라거스 덴시플로루스 --- 358
아스파라거스 세타케우스 ----- 360
아스파라거스 아스파라고이데스 362
아스플레니움 --------- 364
아이비 --------------- 366
애기사과나무 --------- 368
엽란 ----------------- 370
오렌지재스민 --------- 372
오리나무 ------------- 374
왕버들 --------------- 376
용버들 --------------- 378
유칼립투스 ----------- 380
조 ------------------- 382
중대가리나무 --------- 384
칼라테아 ------------- 386
코랄펀 --------------- 388
코르딜리네 ----------- 390
코치아 --------------- 392
테이블야자 ----------- 394
파니쿰 --------------- 396
팥꽃나무 ------------- 398
팔손이 --------------- 400
편백나무 ------------- 402
피마자 --------------- 404
필로덴드론 셀로움 ------ 406

필로덴드론 제나두 ------ 408
홍가시나무 ----------- 410
화살나무 ------------- 412
흰말채나무 ----------- 414

열매

꽈리 ----------------- 418
낙상홍 --------------- 420
노랑혹가지 ----------- 422
백당나무 열매 -------- 424
양귀비 열매 ---------- 426
연밥 ----------------- 428
청미래덩굴 ----------- 430
화초고추 ------------- 432
화초토마토 ----------- 434
화초호박 ------------- 436
히페리쿰 ------------- 438

절화

거베라

다른 이름 : 거버라

비교적 서늘한 기후를 좋아하는 국화과의 여러해살이풀로 꽃잎은 벨벳 같은 질감이 나며, 전형적인 국화과의 모양을 가졌다. 품종에 따라 꽃의 크기와 꽃잎 형태, 색이 다양하고, 꽃이 오래 가서 화훼 장식용 및 절화용으로 많이 활용된다. 꽃꽂이용으로 사용할 경우에는 가지의 미세한 털이 물을 더럽히므로 물을 자주 갈아 주는 것이 좋다.

학명	*Gerbera* spp.
과명	국화과 Compositae
속명	거베라속 Gerbera
영명	African daisy, Transvaal daisy
형태 분류	라인, 매스
꽃색	❊ ❊ ❊ ❊ ❊ ❀ ❊ 빨강, 분홍, 주황, 노랑, 보라, 하양, 믹스
시중에 유통되는 시기	1 2 3 4 5 6 7 8 9 10 11 12

❊ 꽃말 : 신비, 희망, 풀리지 않는 수수께끼

고수

다른 이름 : 코엔트로, 고수풀, 향유, 호유

산형과의 한해살이풀로 6~7월에 작고 흰 꽃이 복산형 화서로 가지 끝에 피고 열매는 둥글다. 같은 산형과의 펜넬, 레이스플라워 등과 비슷하게 생겼으므로 구분에 주의한다. 잎에서 특유의 향기가 나서 주로 향신 채소로 많이 쓰며, 열매는 향신료로 이용한다. 절화로 사용할 경우에는 줄기 속이 비어 있어 다루기 어렵고 가장자리 꽃잎이 떨어지기 쉬우므로 주의한다.

학명	학명 : *Coriandrum sativum* 이명 : *Elinum coriandrum*
과명	산형과 Umbelliferae
속명	고수속 Coriandrum
영명	Coriander, Chinese parsley
형태 분류	매스, 필러
꽃색	✽ 하양
시중에 유통되는 시기	1 2 3 4 **5** **6** **7** **8** 9 10 11 12

✽ 꽃말 : 지혜, 아름다운 점

골든볼

다른 이름 : 크라스페디아

가늘고 긴 줄기 끝에 노란색의 작은 꽃들이 공 모양 형태를 이루며 피기 때문에 골든볼(golden ball)이라고 불린다. 꽃의 수명이 길고, 건조한 상태에서도 형태가 변하지 않으며 오래가기 때문에 절화나 건조화로 애용된다. 습기가 많으면 곰팡이가 잘 피고, 꽃가루가 날릴 위험이 있으므로 주의한다.

학명	*Craspedia globosa*
과명	국화과 Compositae
속명	크라스페디아속 Craspedia
영명	Gold sticks, Yellow ball, Billy buttons, Billy balls, Woolly heads
형태 분류	라인, 매스
꽃색	✳ 노랑
시중에 유통되는 시기	1 2 3 4 5 6 7 8 9 10 11 12

✳ 꽃말 : 영원한 행복, 마음의 문을 두드리다.

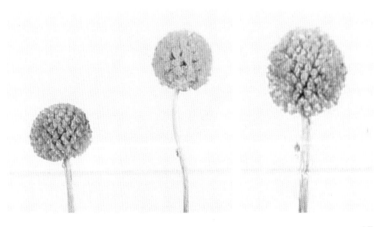

공작초

다른 이름 : 미국쑥부쟁이, 털쑥부쟁이

여러 갈래로 나뉜 얇은 가지에 국화꽃을 닮은 잔잔한 느낌의 작은 꽃들이 무리지어 있는 모습이 마치 공작이 날개를 펼친 것 같다 하여 공작초라는 이름이 붙었다. 흰색 꽃이 피는 것을 '백공작', 푸른색 꽃이 피는 것을 '청공작'이라고도 한다. 정원화로도 많이 심으며, 절화로 사용할 때는 주로 볼륨감을 주기 위해 '채움 꽃(filler flower)'으로 많이 이용한다.

학명	*Aster pilosus*
과명	국화과 Compositae
속명	참취속 Aster
영명	Frost aster, White heath aster
형태 분류	필러
꽃색	✽ ✽ ✽ ✾ 분홍, 보라, 파랑, 하양
시중에 유통되는 시기	1 2 3 4 5 6 7 8 9 10 11 12

✿ 꽃말 : 항상 좋은 기분, 안부, 그리움, 기다림

과꽃

다른 이름 : 당국화, 취국, 애스터, 추모란, 추금

늦여름에서 가을에 걸쳐 피는 국화과의 한해살이 초화로 관상용 원예 품종이 풍부하며 화단용, 절화용으로 많이 이용된다. 학명 'Callistephus'는 아름답다는 뜻의 그리스어 'kallos'와 화관이라는 뜻의 'stephos'의 합성어로 겹으로 생긴 꽃의 갓털이 아름다운 것에서 유래하였다. 품종에 따라 꽃의 크기와 꽃잎의 형태, 꽃 색이 다양하며, 한 줄기에 많은 꽃이 피므로 잘라서 사용하기 편하다.

학명	*Callistephus chinensis*
과명	국화과 Compositae
속명	과꽃속 Callistephus
영명	China aster, Annual aster
형태 분류	필러
꽃색	✽ ✽ ✽ ✽ ✽ ✾ 빨강, 분홍, 파랑, 노랑, 보라, 하양
시중에 유통되는 시기	1　2　3　4　5　6 7　8　9　10　11　12

꽃말 : 믿음직한 사랑, 추억, 나의 사랑은 당신의 사랑보다도 깊다.

국화

다른 이름 : 국, 구화, 국화꽃

국화과의 여러해살이풀로 가을을 대표하는 꽃이며, 많은 품종 계
량으로 꽃의 형태나 색이 다양하다. 꽃의 크기에 따라 대국, 중국, 소
국으로 나뉜다. 대국은 한 줄기에 큰 꽃 한 송이가 달리며, 흰색은 장
례식용로 많이 사용된다. 시중에 많이 유통되고 쉽게 구입할 수 있는
소국은 하나의 줄기에 여러 개의 작은 꽃들이 달리며, 소국 중에서도
꽃이 둥근 모양인 것을 퐁퐁 소국이라고 한다. 국화는 분화용과 절화
용으로 많이 유통되며, 절화 상태로도 수명이 오래 가지만 물올림이
잘 안 되는 경우가 있으므로 주의한다.

학명	*Chrysanthemum morifolium*
과명	국화과 Compositae
속명	쑥갓속 Chrysanthemum
영명	Mum, Florist's chrysanthemum
형태 분류	매스, 필러
꽃색	✿ ✿ ✿ ✿ ✿ ✿ ✿ ✿ ✿ 빨강, 분홍, 주황, 노랑, 하양, 초록, 보라, 갈색, 믹스
시중에 유통되는 시기	1 2 3 4 5 6 7 8 9 10 11 12

꽃말 : 성실, 청초, 고상, 평화, 절개
　　　빨강-사랑 / 하양-감사, 성실, 진실 / 노랑-짝사랑, 실망

극락조화

다른 이름 : 스트렐리치아

남아프리카 원산의 열대 초본 식물로 꽃줄기 끝에 극락조와 같은 화려한 새 모양을 가진 꽃이 핀다. 절화 식물로는 비교적 수명이 오래 가는 편이다. 여왕의 꽃이라 불리는 극락조화의 학명은 대영 제국의 왕 조지 3세의 아내 샬럿을 기념하여 지어진 것이다.

학명	*Strelitzia reginae*
과명	파초과 Musaceae
속명	스트렐리치아속 Strelitzia
영명	Bird of paradise, Crane flower
형태 분류	라인, 폼
꽃색	❋ ✲ ✺ 주황, 노랑, 하양
시중에 유통되는 시기	1 2 3 4 5 6 7 8 9 10 11 12

✿ 꽃말 : 사랑을 위해 멋을 부린 남자, 신비, 영구불변

글라디올러스

다른 이름 : 당창포

긴 칼 모양의 꽃대 사이에서 깔때기 모양의 화려한 꽃이 핀다. 여름에 개화하는 여러해살이풀로 '선의 꽃(line flower)'으로 많이 이용되는 절화이며, 꽃 색이 매우 다양하다. 꽃봉오리 상태에서는 꽃 색을 알기 어려우므로 살짝 피기 시작할 때 구입하는 것이 좋다. 품종 개량에 따라 봄에 개화하는 종류도 있다.

학명	*Gladiolus gandavensis*
과명	붓꽃과 Iridaceae
속명	글라디올러스속 Gladiolus
영명	Corn flag, Sword lily
형태 분류	라인, 매스
꽃색	✼ ✼ ✼ ✼ ✼ ✼ ✼ ✼ 빨강, 분홍, 주황, 노랑, 초록, 보라, 하양, 믹스
시중에 유통되는 시기	1 2 3 4 5 6 7 8 9 10 11 12

✼ 꽃말 : 회, 조심, 경고, 정열적인 사랑, 젊음

글로리오사

다른 이름 : 글로리오사릴리, 가란

백합과 글로리오사속에 속하는 원예 식물의 총칭으로 백합과 유사한 꽃잎 형태를 가지고 있는데 꽃잎 가장자리가 물결 모양으로 말려 있다. 불꽃이 타오르는 듯한 꽃 모양이 매우 독특하고 화려하여 어느 곳에 디자인하여도 고급스러운 작품을 연출할 수 있다.

학명	*Gloriosa superba*
과명	백합과 Liliaceae
속명	글로리오사속 Gloriosa
영명	Glory lily, Flame lily, Climbing lily
형태 분류	라인, 폼
꽃색	✱ ✱ ✱ ✱ ✱ ✾ ✱ 빨강, 분홍, 주황, 노랑, 초록, 하양, 믹스
시중에 유통되는 시기	1　2　3　4　5　**6** **7**　**8**　**9**　10　11　12

✾ 꽃말 : 화려, 영광

금어초

다른 이름 : 금붕어꽃, 참깨풀, 비어초

금붕어 입을 닮은 꽃이 피어 금어초라 한다. 영국과 미국에서는 용의 입처럼 보인다 하여 물어뜯는 용, 독일에서는 사자의 입을 의미하는 이름으로 불린다. 로마 시대 때부터 재배되어 온 초화로 긴 꽃대에 작은 꽃들이 아래에서부터 이삭 모양으로 피며, 품종 개량에 따라 꽃의 색과 형태, 개화 시기 등이 다양해지고 있다. 화단용, 절화용으로 이용한다.

학명	*Antirrhinum majus*
과명	현삼과 Scrophulariaceae
속명	금어초속 Antirrhinum
영명	Common snapdragon, Garden snapdragon
형태 분류	라인, 매스
꽃색	빨강, 분홍, 주황, 노랑, 보라, 하양, 믹스
시중에 유통되는 시기	1 2 3 4 5 6 7 8 9 10 11 12

꽃말 : 수다쟁이, 욕망, 오만, 탐욕

금잔화

다른 이름 : 금송화, 장춘화, 카렌듈라

국화과의 한해살이 초화로 여름에서부터 가을까지 가지와 줄기 끝에 선명한 색의 두상화가 피며, 화훼용 절화에서부터 치유용 허브 식물로 친숙하게 사용되고 있다. 금잔화라는 이름은 금빛을 띤 꽃잎이 퍼지지 않고 잔 모양을 닮은 것에서 유래했으며, 속명인 카렌듈라(calendula)는 캘린더의 어원이자 매월 1일을 뜻하는 라틴어 'calendae'에서 유래했다.

학명	*Calendula arvensis*
과명	국화과 Compositae
속명	금잔화속 Calendula
영명	Pot marigold, Common marigold
형태 분류	매스
꽃색	❋ ❋ 주황, 노랑
시중에 유통되는 시기	1 2 3 4 5 **6** **7** **8** **9** **10** **11** 12

❋ 꽃말 : 비탄, 실망, 비애, 겸손, 인내

꽃범의꼬리

다른 이름 : 피소스테기아, 각구도라

꽃이 마치 호랑이 꼬리를 닮았다고 하여 '꽃범의꼬리'라는 이름으로 불린다. 여름철에 줄기 끝에서 흰색 또는 보라색 계열의 작은 꽃들이 밑에서부터 차곡차곡 피는 모습이 아름다운 여러해살이 초화로 주로 화단에서 이용하며 절화용으로도 많이 쓴다.

학명	*Physostegia virginiana*
과명	꿀풀과 Labiatae
속명	꽃범의꼬리속 Physostegia
영명	Dragon's head false, Obedient plant
형태 분류	라인, 필러
꽃색	❁ ❁ ❁ 분홍, 보라, 하양
시중에 유통되는 시기	1 2 3 4 5 6 7 8 9 10 11 12

❁ 꽃말 : 추억, 젊은 날의 회상, 청춘

끈끈이대나물

다른 이름 : 시레네, 세레네

유럽이 원산지인 한해살이풀 또는 두해살이풀로 6~8월에 줄기 끝에서 다섯 장의 꽃잎을 가진 작은 꽃들이 취산화서를 이루며 핀다. 사실 끈끈이장구채속(Silene)에는 다양한 종이 있는데, 시중에서는 유독 끈끈이대나물이 속명 '시레네'라는 이름으로 유통된다. 야리야리한 들꽃 같은 느낌으로 화훼 장식에서 '채움 꽃(filler flower)'으로 많이 이용되며, 화단용으로도 이용된다. 줄기 윗부분 마디 밑에서 끈끈한 진액이 나오므로 다룰 때 주의한다.

학명	*Silene armeria* L.
과명	석죽과 Caryophyllaceae
속명	끈끈이장구채속(장구채속) Silene
영명	William catchfly, Garden catchfly, None-so-pretty
형태 분류	매스, 필러
꽃색	❋ ❋ ❋ 분홍, 보라, 하양
시중에 유통되는 시기	1 2 3 4 5 6 7 8 9 10 11 12

❋ 꽃말 : 젊은 사랑, 청춘의 사랑, 함정

나리

다른 이름 : 백합

백합과 백합속의 여러해살이 알뿌리 식물을 통틀어 '나리'라고 한
다. 비늘줄기 여러 조각이 합쳐져 하나의 알뿌리를 이루기 때문에 '백
합(百合)'이라는 이름으로도 불린다. 원종과 교잡종 외에도 계량에 따
른 교배 품종이 워낙 많은데, 일반적인 백합으로 대표되는 나팔나리
계(*Lilium longiflorum*), 꽃이 크고 화려하며 향이 강한 오리엔탈계
(*Lilium Oriental Hybrids*), 향이 거의 없고 주황색 등 선명한 색이
많은 아시아계(*Lilium Asiatic Hybrids*)로 크게 나눌 수 있으며, 그
에 따른 다양한 이름으로 불린다. 꽃다발이나 꽃꽂이 등 절화는 물론
분화나 정원화로도 많이 애용되는데, 절화용으로 사용할 때는 반드시
수술을 제거한다.

학명	*Lilium* spp.
과명	백합과 Liliaceae
속명	백합속 Lilium
영명	Lily
형태 분류	라인, 폼, 매스
꽃색	✽ ✽ ✽ ✽ ✽ ✽ ✽ ✽ 빨강, 분홍, 주황, 노랑, 하양, 초록, 갈색, 믹스
시중에 유통되는 시기	1 2 3 4 5 6 7 8 9 10 11 12

✽ 꽃말 : 순결, 변함없는 사랑, 위엄, 고귀

네리네

다른 이름 : 다이아몬드릴리

한 대의 긴 줄기 끝에 나리를 닮은 꽃들이 방사상으로 모여 피는 네리네속의 구근 식물을 말한다. 남아프리카 원산의 몇 가지 종을 교배하여 만든 원예종으로 꽃잎에 광택이 있는 것은 다이아몬드릴리, 광택이 없는 것은 네리네라고 구분해서 부르기도 한다. 꽃잎이 가늘고 물결 모양인 품종이나 아시아 원산의 상사화(석산)와 비슷하게 생긴 붉은색 품종 등 그 종류가 다양하다. 절화로는 대개 잎이 없는 상태로 유통되며, 물올림도 좋은 편이다.

학명	*Nerine* spp.
과명	수선화과 Amaryllidaceae
속명	네리네속 Nerine
영명	Nerine, Diamond lily, Guernsey lily
형태 분류	라인, 폼, 매스
꽃색	✽ ✽ ✽ ✽ ✽ ✽ 빨강, 분홍, 주황, 하양, 보라, 믹스
시중에 유통되는 시기	1 2 3 4 5 6 7 8 9 10 11 12

✽ 꽃말 : 행복한 기억, 다시 만날 날까지

달리아

다른 이름 : 다알리아, 양국, 천축모란

봄에 심어 여름부터 늦가을까지 꽃이 피는 알뿌리 식물로 꽃이 화려하고 생긴 모양과 크기, 색깔이 다양하다. 절화로 사용할 때는 줄기 속이 비어 있어 잘 꺾이므로 주의가 필요하며, 물에 담기는 부분이 쉽게 물러지기 때문에 물을 자주 갈아 주어야 부패를 줄일 수 있다.

학명	*Dahlia* spp.
과명	국화과 Compositae
속명	다알리아속 Dahlia
영명	Dahlia
형태 분류	매스, 폼
꽃색	✿ ✿ ✿ ✿ ✿ ✿ ✿ ✿ ✿ 빨강, 분홍, 주황, 노랑, 보라, 하양, 갈색, 검붉은색, 믹스
시중에 유통되는 시기	1 2 3 4 5 6 7 8 9 10 11 12

✿ 꽃말 : 감사, 우아, 화려

41

델피니움

다른 이름 : 델피늄

서늘한 곳을 좋아하는 여러해살이 초화로 품종이 다양하다. 곧게 뻗은 하나의 줄기에 작은 꽃들이 촘촘히 달리는 모양이 특이한데, 사실 꽃잎처럼 보이는 것은 꽃받침 조각이 발달한 것이며, 꽃은 그 가운데 작게 피기 때문에 눈에 잘 띄지 않는다. 꽃 이름은 그리스어로 돌고래를 의미하는 'delphis'에서 유래하였으며, 우리나라에서는 주로 절화로 이용한다. 줄기 속이 비어 있어 잘 굽어지며, 물올림을 할 경우 물에 잠겨 있는 줄기가 쉽게 부패하므로 주의한다.

학명	*Delphinium* spp.
과명	미나리아재빗과 Ranunculaceae
속명	제비고깔속 Delphinium
영명	Delphinium
형태 분류	라인, 매스
꽃색	✽ ✽ ✽ ✾ ✽ 분홍, 노랑, 보라, 하양, 파랑
시중에 유통되는 시기	1 2 3 4 5 6 7 8 9 10 11 12

✽ 꽃말 : 경솔, 제 마음을 헤아려 주세요,
　　　왜 당신은 나를 싫어합니까, 거만, 청명, 자비심

도라지

다른 이름 : 길경, 백약

$7{\sim}8$월에 청초한 꽃이 피는 여러해살이 초화로 원예 품종이 다양하다. 곧게 뻗은 줄기 끝에 별 모양의 꽃이 피며, 뿌리는 식용하거나 약재로 쓴다. 절화로 사용할 때는 물올림이 좋지 않으므로 절화 보존제 등을 사용하는 것이 좋으며, 줄기가 가늘어서 물속 자르기를 하지 못할 경우에는 탄화 처리한다.

학명	*Platycodon* spp.
과명	초롱꽃과 Campanulaceae
속명	도라지속 Platycodon
영명	Balloon flower, Chinese flower
형태 분류	매스
꽃색	✽ ✽ ✾ ✽ 분홍, 보라, 하양, 믹스
시중에 유통되는 시기	1 2 3 4 5 6 7 8 9 10 11 12

✽ 꽃말 : 애착, 깊은 애정, 영원한 사랑, 성실

두메부추

다른 이름 : 설병파, 두메달래, 메부추

백합과의 여러해살이풀로, 깊은 산에 자라는데 울릉도 등지에 분포한다. 줄기는 높이가 20~30cm이고 긴 타원형의 비늘줄기가 있으며, 잎은 뿌리에서 나고 긴 피침 모양으로 살진 부추 잎과 같다. 8~9월에 꽃대 끝에서 붉은 자주색 꽃이 산형 화서로 핀다.

학명	*Allium senescens* L. *var. senescens*
과명	백합과 Liliaceae
속명	산구, 매부추속 Chinese chive
영명	German-garlic
형태 분류	라인, 폼
꽃색	✳ ✳ ✳ 초록, 하양, 연보라
시중에 유통되는 시기	1 2 3 4 5 6 7 8 9 10 11 12

✳ 꽃말 : 좋은 추억으로

등골나물

다른 이름 : 향등골, 등골나무, 산란

국화과 등골나물속에 속하는 식물에는 등골나물(*Eupatorium japonicum*), 향등골나물(*Eupatorium tripartitum*), 서양등골나물(*Eupatorium rugosum*) 등 다양한 품종이 있으며, 서로 비슷하게 생겼기 때문에 구분이 어려운 경우에는 잎 모양과 꽃 색 등으로 구별한다. 대개 산방화서로 자잘한 두상화가 피기에 절화로서는 '채움 꽃(filler flower)'으로 많이 사용하며, 시중에 절화로 유통되는 것은 대개 교배종이나 원예종이다.

학명	*Eupatorium* spp.
과명	국화과 Compositae
속명	등골나물속 Eupatorium
영명	Thoroughwort, Boneset, Snakeroot
형태 분류	필러
꽃색	✼ ✻ ✼ 분홍, 하양, 보라
시중에 유통되는 시기	1 2 3 4 5 6 7 8 9 10 11 12

✼ 꽃말 : 고백, 주저, 망설임

라넌큘러스

다른 이름 : 라눙쿨루스, 라넌큘러스

장미와 비슷해 보이지만 장미보다 꽃잎이 더 겹겹이 쌓여 있으며, 꽃 모양이 둥글다. 새로운 품종의 연구·생산이 활발히 진행되어 꽃 크기 및 색상 등이 다양하다. 줄기가 가늘고 약하며, 줄기 안이 비어 있어 디자인할 때 주의가 필요하다. 선명한 꽃 색과 볼륨 있는 겹꽃이 돋보이는 알뿌리 식물로 개화 기간이 길어 절화·화단용으로 널리 이용된다.

학명	*Ranunculus* spp.
과명	미나리아재빗과 Ranunculaceae
속명	미나리아재비속 Ranunculus
영명	Persian buttercup, Garden ranunculus
형태 분류	매스
꽃색	✳ ✳ ✳ ✳ ✳ ✳ ✳ ✳ ✳ 빨강, 분홍, 주황, 노랑, 갈색, 보라, 하양, 초록, 믹스
시중에 유통되는 시기	1 2 3 4 5 6 7 8 9 10 11 12

꽃말 : 화사한 매력, 명성, 비난

라넌큘러스 버터플라이

다른 이름 : 버터플라이

라넌큘러스의 일종으로 미나리아재빗과이다. 라넌큘러스는 꽃이 겹겹이 싸여있는 반면, 버터플라이는 꽃잎이 한 겹으로 광택이 나며 언뜻 보기엔 조화같이 보인다. 꽃 색상은 다양하며 하늘하늘하여 마치 코스모스가 바람에 흔들리는 것 같이 보인다. 3월부터 유통되기 시작하여 초여름인 6월까지 판매된다. 화훼 장식용으로 사용할 때는 작품의 공간을 채워 주는 폼 또는 매스 소재로 이용된다.

절
화

학명	*Ranunculus asiaticus* L.
과명	미나리아재빗과 Ranunculaceae
속명	미나리아재비속 Ranunculus
영명	Butterfly
형태 분류	폼, 매스
꽃색	✽ ✽ ✽ ✽ 노랑, 분홍, 빨강, 믹스
시중에 유통되는 시기	1 2 **3** 4 **5** 6 7 8 9 10 11 12

✽ 꽃말 : 매력, 매혹

53

라이스플라워

다른 이름 : 오조탐누스, 밥꽃풀, 쌀꽃

오스트레일리아가 원산지인 야생화의 일종으로 가지 끝에 쌀알
(밥풀)을 닮은 꽃봉오리가 모여 있는 모양에서 라이스플라워라고 불
린다. 일반적으로 꽃봉오리 상태로 시판되며, 꽃이 피면 더욱 부드러
운 느낌이 든다. 절화로는 볼륨감을 주는 '채움 꽃(filler flower)'으로
많이 사용하며, 말리면 독특한 풍치가 있어 건조화로도 사용한다. 꽃
이 오래가는 만큼 잎이 빨리 마르기 때문에 절화용으로 사용할 때는
빨리 제거하는 편이 좋다.

학명	*Ozothamnus diosmifolius*
과명	국화과 Compositae
속명	오조탐누스속 Ozothamnus
영명	Rice flower
형태 분류	필러
꽃색	✳ ❁ 분홍, 하양
시중에 유통되는 시기	1 2 3 4 5 6 7 8 9 10 11 12

❁ 꽃말 : 통통 튀는 귀여움, 풍성한 결실

라일락

다른 이름 : 서양수수꽃다리, 자정향, 리라

조경수로 가장 많이 이용되는 꽃나무 중 하나이며, 꽃에서 나는 향기가 좋아 절화용으로도 많이 사용한다. 부드러운 가지 끝에 입체감 있는 꽃이 아래서부터 위로 밀집되어 피는데 꽃봉오리 상태일 때가 색이 더 짙다. 절화용으로 사용할 경우, 물올림이 좋지 않아 탈수되기 쉬우므로 물 관리에 주의해야 한다.

학명	*Syringa vulgaris* L.
과명	물푸레나뭇과 Oleaceae
속명	수수꽃다리속 Syringa
영명	Lilac
형태 분류	매스, 라인
꽃색	❋ ❋ ❋ ❋ 분홍, 하양, 보라, 믹스
시중에 유통되는 시기	1 2 3 4 5 6 7 8 9 10 11 12

❋ 꽃말 : 하양-아름다운 맹세, 청춘의 기쁨
  보라-젊은 날의 추억, 첫사랑, 사랑의 싹

레이스플라워

다른 이름 : 아미초, 아미꽃

가는 줄기에 하얀색의 작은 꽃들이 우산 모양으로 펼쳐져 물방울처럼 달려 있다. 하늘하늘한 레이스를 연상시키는 꽃 이미지 때문에 흔히 레이스플라워라고 불리며, 시중에선 아미초 또는 아미꽃이라고 알려져 있다. 같은 산형과로 비슷하게 생겼지만 엄연히 다른 당근꽃(*Daucus carota*)과 혼용되기도 하므로 주의한다. 꽃이 청초하고 부드러우며 아름답지만 절화 후엔 물올림을 해도 쉽게 시들기 때문에 유의하여 사용한다.

절
화

학명	*Ammi majus*
과명	산형과 Umbelliferae
속명	아미속 Ammi
영명	Lace flower, Queen anne's lace, Bishop's flower, Bishop's weed
형태 분류	매스, 필러
꽃색	✽ 하양
시중에 유통되는 시기	1 2 3 4 5 6 7 8 9 10 11 12

✿ 꽃말 : 우아한 몸짓(자태), 사랑의 소식

루드베키아

다른 이름 : 삼잎국화, 원추천인국

북아메리카가 원산지로 다양한 종이 있으며, 생명력과 번식력이 강하다. 씨 없는 해바라기 또는 큰 코스모스처럼 보이는 루드베키아는 도로변 여기저기서 흔히 볼 수 있는 여름철 화단용 초화류로 꽃은 줄기 끝에 두상화로 피며 화훼 장식용으로도 사용한다. 절화용으로 사용할 경우, 꽃잎을 떼고 꽃심만 사용하기도 한다.

학명	*Rudbeckia* spp.
과명	국화과 Compositae
속명	원추천인국속 Rudbeckia
영명	Cone flower
형태 분류	매스, 필러
꽃색	✽ ✽ ✽ 노랑, 주황, 갈색
시중에 유통되는 시기	1 2 3 4 5 6 7 8 9 10 11 12

✿ 꽃말 : 영원한 행복, 충실한 기다림, 평화로운 공존

루피너스

다른 이름 : 루핀, 층층이부채꽃

정 원화로 익숙한 루피너스는 그리스어로 슬픔이란 뜻의 'Lupe'
가 어원인데 이는 루피너스의 씨앗을 입에 넣으면 너무 써서 먹은 사
람이 슬퍼하듯 얼굴을 일그러뜨리기 때문이라고 한다. 우리나라에서
는 등나무 꽃을 거꾸로 세운 것과 같은 형태로 꽃이 아래서부터 위로
피어나는 모양에서 '층층이부채꽃'이라고 한다. 이삭 모양으로 줄기
를 따라 피는 꽃들이 매우 아름다워 디자인을 할 때 작품을 돋보이게
한다.

학명	*Lupinus* spp.
과명	콩과 Leguminosae
속명	가는잎미선콩속 Lupinus
영명	Lupine
형태 분류	라인
꽃색	분홍, 노랑, 하양, 보라, 파랑, 믹스
시중에 유통되는 시기	1 2 3 **4** **5** 6 7 8 9 10 11 12

꽃말 : 모성애

리시안서스

다른 이름 : 리시안셔스, 꽃도라지, 유스토마

꽃 모양이 터키 사람들이 터번을 두른 모습을 닮았다 하여, 또는 파란색과 보라색 꽃이 터키석이나 지중해의 푸른빛을 닮았다 하여 '터키도라지'라고도 한다. 여름을 대표하는 꽃으로 다양한 색과 품종이 있으며, 꽃잎이 얇고 부드러우며 꽃의 형태가 매우 아름다워 절화로 많이 이용된다. 줄기가 가늘어 꽃이 잘 떨어지므로 다룰 때 충분히 주의해야 하며, 절화 상태에서 물 보충과 보관에 유의하면 비교적 수명이 오래 간다.

학명	*Eustoma grandiflorum*
과명	용담과 Gentianaceae
속명	유스토마속 Eustoma
영명	Prairie gentian, Bluebell texan, Gentian prairie
형태 분류	매스
꽃색	✳ ✳ ✳ ✳ ✳ ✳ ✳ ✳ ✳ 빨강, 분홍, 주황, 노랑, 하양, 보라, 초록, 갈색, 믹스
시중에 유통되는 시기	1 2 3 4 5 6 7 8 9 10 11 12

✳ 꽃말 : 변치 않는 사랑

리아트리스

다른 이름 : 도깨비방망이

다양한 품종이 있는데 통상적으로 '기린 리아트리스(*Liatris spicata*)'라고 불리는 종이 대표적이다. 여름에 꽃이 피는 여러해살이 알뿌리 식물로 긴 꽃대 둘레에 솜방망이처럼 작은 꽃들이 특이하게도 위에서부터 아래로 피어 내린다. 꽃이 피는 모양에서 도깨비방망이라고도 불린다. 주로 화단용과 꽃꽂이용 절화로 많이 사용되며, 키가 상당히 큰 편이므로 꽃꽂이를 할 때는 길이가 긴 디자인에 많이 사용한다.

학명	*Liatris* spp.
과명	국화과 Compositae
속명	리아트리스속 Liatris
영명	Gay feather, Blazing star
형태 분류	라인, 매스
꽃색	✿ ✿ ✿ 분홍, 보라, 하양
시중에 유통되는 시기	1 2 3 4 5 6 7 8 9 10 11 12

✿ 꽃말 : 고집쟁이, 고결, 불타는 생각

맨드라미

다른 이름 : 계관, 계관화, 계관초, 계두

벨벳 같은 따뜻한 질감의 꽃무리가 아름다운 한해살이 초화로 화단용, 절화용으로 이용한다. 촛불 모양, 주먹 모양 등 다양한 형태를 볼 수 있으며, 품종과 색상이 다양하다. 비름과 맨드라미속을 일컬어 통상적으로 모두 맨드라미라고 부르지만 엄밀하게 말하면 계관화라 불리는 닭 볏이나 주먹 모양의 통으로 된 맨드라미(*Celosia cristata*)와 야계관(들맨드라미)이라고 불리는 피침 또는 촛불(깃털) 모양의 개맨드라미(*Celosia argentea*)로 구분된다.

학명	*Celosia* spp.
과명	비름과 Amaranthaceae
속명	맨드라미속 Celosia
영명	Cockscomb, Wool flower, Plumed cockscomb, Feather cockscomb
형태 분류	폼, 매스
꽃색	✻ ✻ ✻ ✻ ✻ ✻ ✻ ✻ 빨강, 분홍, 주황, 노랑, 보라, 초록, 갈색, 믹스
시중에 유통되는 시기	1 2 3 4 5 6 7 8 9 10 11 12

꽃말 : 치정, 영생, 건강, 타오르는 사랑, 헛된 장식, 방패

메리골드

다른 이름 : 마리골드, 매리골드

국화과의 천수국속을 통틀어 이르는 말로 크게 아프리카종인 아프리칸메리골드(천수국)와 프랑스종인 프렌치메리골드(만수국)로 구분한다. 잎 가장자리에 잔톱니가 없고 꽃이 크며 잎과 꽃에서 독특한 향기가 나는 것이 아프리칸메리골드이고, 잎 가장자리에 잔톱니가 있고 꽃이 작은 것이 프렌치메리골드이다. 춘파성 한해살이 초화로 개화기가 길고 노랑, 주황의 꽃 색이 선명하고 화려하여 화단용, 절화용으로 많이 이용된다.

학명	아프리칸메리골드 : *Tagetes erecta* 프렌치메리골드 : *Tagetes patula*
과명	국화과 Compositae
속명	천수국속 Tagetes
영명	Marigold, French marigold, African marigold
형태 분류	폼, 매스
꽃색	✿ ✿ ✿ 주황, 노랑, 믹스
시중에 유통되는 시기	1 2 3 4 5 6 7 8 9 10 11 12

✿ 꽃말 : 아프리칸메리골드—반드시 오고야 말 행복
　　　　프렌치메리골드—가련한 애정, 이별의 슬픔, 질투

멕시칸세이지

다른 이름 : 멕시칸부시세이지

꿀풀과의 여러해살이 소관목으로 8~10월 사이에 보랏빛 작은 꽃이 이삭 형태로 줄기에 모여 피어 길게 드리워진다. 배암차즈기속의 다른 샐비어들과 달리 방향성은 없지만 벨벳 질감의 화려한 꽃과 양털 같은 흰 털이 있는 부드러운 재질의 잎이 특징적인 초화로 절화용, 관상용으로 많이 사용한다. 절화한 후엔 물 관리에 주의해야 하며, 쉽게 시들기 때문에 디자인을 할 때는 사용 용도에 따라 유의해야 한다.

학명	*Salvia leucantha* spp.
과명	꿀풀과 Labiatae
속명	배암차즈기속 Salvia
영명	Mexican sage, Mexican bush sage
형태 분류	라인, 필러
꽃색	✽ 보라
시중에 유통되는 시기	1 2 3 4 5 6 7 8 9 10 11 12

❀ 꽃말 : 가정의 덕

73

모나라벤더

다른 이름 : 해피블루, 숙근사루비아, 케이프라벤더

꿀풀과의 여러해살이풀로, 남부 아프리카가 원산지이고 식물 전체에 향기가 있어 향수나 향료의 원료로 쓰인다. 1990년대 후반 남아프리카공화국 케이프타운에 있는 커스텐보시 식물원에서 개발된 하이브리드 종이다. 성장이 빠르고 0.75 m 까지 자라는데 보라색의 꽃받침과 점박이 무늬가 조화롭다. 스프레이로 뿌려놓은듯한 광택나는 잎을 가지고 있다.

학명	*Plectranthus* 'Plepalila'
과명	꿀풀과 Labiatae
속명	라벤더속 Lavandula
영명	Mona lavender
형태 분류	라인, 필러
꽃색	✽ ✽ 진보라, 보라
시중에 유통되는 시기	1 2 3 4 5 6 7 8 9 10 11 12

✽ 꽃말 : 친구가 있어 좋다.

모카라

다른 이름 : 모카라 반다

　모카라는 Arachnis + Ascocentrum + Vanda 3속을 교배해서 인공적으로 육종한 난목 +난과 + 모카라 속의 난으로, 다양한 색상이 있으며 개나리와 비슷한 꽃모양을 갖고 있다. 온대성 식물로 추위에 약하기 때문에 주의가 필요하다. 화훼장식용으로 많이 사용되며 꽃은 신부부케나 부토니에, 코사지 등으로 많이 사용한다.

학명	*Mokara* spp.
과명	난초과 Orchidaceae
속명	모카라속 Mokara
영명	Novelty orchids, Mokara orchid(Mericlone)
형태 분류	라인, 매스
꽃색	✿ ✿ ✿ ✿ ✿ 노랑, 진분홍, 주황, 보라, 초록
시중에 유통되는 시기	1 2 3 4 5 6 7 8 9 10 11 12

✿ 꽃말 : 청초한 아름다움

몬트부레치아

다른 이름 : 애기범부채, 크로코스미아, 몬도후리지아

남아프리카 원산으로 여름에 줄기를 따라 수상화서로 꽃이 피는 구근 식물이다. 애기범부채속(Crocosmia)으로 분류하여 '크로코스미아'라고 부르기도 한다. 우리나라 절화 시장에서는 흔히 '이끼시아'라는 일본 이름으로 유통되는데, 비슷하게 생겼지만 사실 '익시아속(Ixia)'으로 분류되어 일본에서 이끼시아라고 부르는 식물은 따로 있다. 귀화 식물인 몬트부레치아는 정열적인 색감이 아름다워 화단용, 절화용으로 많이 이용된다.

학명	*Tritonia xcrocosmiiflora* L.
과명	붓꽃과 Iridaceae
속명	몬트부레치아속 Tritonia
영명	Montbretia, Falling stars, Valentine flower
형태 분류	라인, 필러
꽃색	✿ ✿ ✿ 빨강, 주황, 노랑
시중에 유통되는 시기	1 2 3 4 5 6 7 8 9 10 11 12

✿ 꽃말 : 청초

무스카리

다른 이름 : 그레이프히아신스

백합과 무스카리속의 추파 알뿌리 식물로 다양한 품종이 있는데 일반적인 것은 'Muscari armeniacum'이다. 무스카리라는 이름은 꽃에서 나는 향기 때문에 '사향 냄새가 나는'이라는 의미의 그리스어 'moschos'에서 유래하였다. 종 모양의 꽃이 총상화서로 밀집해서 피는데, 언뜻 보면 포도송이와 비슷하게 생겨서 '그레이프히아신스(grape hyacinth)'라고도 한다. 절화로도 이용하지만 알뿌리 자체로 정원화나 분화로도 많이 키우며, 식용하기도 한다.

학명	*Muscari* spp.
과명	백합과 Liliaceae
속명	무스카리속 Muscari
영명	Muscari, Grape hyacinth
형태 분류	필러, 매스
꽃색	✸ ✸ ✸ ✿ 분홍, 보라, 파랑, 하양
시중에 유통되는 시기	1 2 3 4 5 6 7 8 9 10 11 12

✿ 꽃말 : 실망, 실의

물망초꽃

지 칫과의 여러해살이풀로, 꽃은 5~6월에 하늘색, 흰색으로 핀
다. 유럽이 원산지이며, 영어 이름 'Forget me not'는 독일어인 '페
어기스마인니히트(vergissmeinnicht)'를 번역한 것이다. 독일의 한
청년이 사랑하는 여인에게 주기 위해 도나우강 가운데 있는 섬에서
자라는 이 꽃을 꺾어 가지고 나오다 급류에 휩쓸려 꽃만 여인에게 던
져주고 자신은 "나를 잊지 말아요"란 말을 남기고 급류에 사라졌다.
그 후 여인은 평생 그 꽃을 지니고 살았다는 전설이 있다. 화훼 장식
용으로는 주로 꽃과 꽃 사이의 답답함을 해소해 주는 필러의 소재로
많이 사용된다.

학명	*Myosotis alpestris*
과명	지칫과 Borraginaceae
속명	물망초속 Myosotis
영명	Forget me not
형태 분류	필러
꽃색	❋ ❋ 하늘색, 하양
시중에 유통되는 시기	1 2 3 4 5 6 7 8 9 10 11 12

꽃말 : 나를 잊지 말아요, 진실한 사랑

83

미메테스

다른 이름 : 미메테스 쿠쿨라투스, 파고다

남아프리카가 원산지로 20여 종이 분포한다. 현지에서 재배되는 미메테스 쿠쿨라투스(Mimetes cucullatus)는 영양이 많지 않은 모래자갈 땅에서 자라는데 높이 1.5미터 정도로 키가 작은 나무로, 가지 끝에 난 잎의 끝이 붉은 색을 띠고, 그 줄기 밑에 흰털이 조밀하게 난 두상화가 이른 봄에 피는데 지금은 멸종 위기에 처해 있다. 주로 꽃꽂이용으로 사용되는 미메테스 히르타(Mimetes hirta)는 개량종이다.

학명	*Mimetes stokoei*
과명	프로테아과 Proterceae
속명	미메테스속 mimetes
영명	Mimetes pagoda, Common pagoda
형태 분류	폼, 매스
꽃색	✿ ✿ ✿ 초록, 노랑, 주황
시중에 유통되는 시기	1 2 3 4 5 6 7 8 9 10 11 12

✿ 꽃말 : 불굴의 의지, 불사조

밀짚꽃

다른 이름 : 브락테아툼헬리크리섬, 헬리크리섬, 보릿짚꽃, 종이꽃, 바스라기꽃

국화과의 한해살이풀 또는 두해살이풀로 6~9월에 종이처럼 바스락거리는 질감의 두상화가 피는데 윤기 있는 총포가 마치 꽃잎처럼 보인다. 절화용, 화단용으로 주로 이용하며, 꽃대가 강하고 꽃이 오래 가서 생화로 많이 사용하는데, 오랫동안 꽃의 모양이나 색이 변하지 않아 건조화로도 애용한다. 물올림 후에도 꽃잎은 건조한 것처럼 유지되지만 잎줄기는 꽃과는 다르게 물에 담겨 있을 경우 쉽게 물러지므로 주의한다.

학명	Helichrysum bracteatum (Xerochrysum bracteatum)
과명	국화과 Compositae
속명	헬리크리섬속 Helichrysum
영명	Helichrysum, Straw flower, Golden everlasting, Yellow paper daisy
형태 분류	매스, 필러
꽃색	✳ ✳ ✳ ✳ ✿ ✳ ✳ 빨강, 분홍, 주황, 노랑, 하양, 보라, 믹스
시중에 유통되는 시기	1 2 3 4 5 6 7 8 9 10 11 12

✳ 꽃말 : 항상 기억하라, 슬픔은 끝없이

반다

다른 이름 : 반다 코에룰레아

난초과의 한 속. 관상용으로 재배되는 양란의 일종으로 온대성 난초이다. 잎은 다육질이며 두 줄로 달리고 꽃은 여러 가지 모양과 빛깔이 있다. 인도, 말레이시아, 마다가스카르 등지에 약 45종이 있다. 화훼장식에서는 줄기와 뿌리를 이용한 공간장식용으로 이용되고 꽃잎은 신부 부케, 부토니에 등으로 많이 사용한다.

학명	*Vanda coerulea*
과명	난초과 Orchidaceae
속명	반다속 Vanda
영명	Blue orchid, Autumn lady's tresses
형태 분류	라인, 폼
꽃색	✽ ✽ ✽ 진보라, 빨강, 청보라
시중에 유통되는 시기	1 2 3 4 5 6 7 8 9 10 11 12

✽ 꽃말 : 애정의 표시

밥티시아

다른 이름 : 밥티샤

콩과의 여러해살이풀로 전형적인 콩과 식물의 형태를 하고 있으며, 긴 줄기에 총상화서로 꽃이 무리지어 핀다. 원예종인 밥티시아속에는 다양한 품종들이 있는데, 흔히 밥티시아라고 알고 있는 보라색 꽃을 피우는 종은 아우스트랄리스밥티시아(*Baptisia australis*)를 말한다. 밥티시아를 갯활량나물이라고 부르기도 하는데, 사실 우리나라에서 갯활량나물(*Thermopsis lupinoides*)로 정의된 식물은 콩과 갯활량나물속에 속하는 다른 식물로 노란색 꽃이 핀다.

절 화

학명	*Baptisia* spp.
과명	콩과 Leguminosae
속명	밥티시아속 Baptisia
영명	False indigo, Wild indigo
형태 분류	라인, 매스
꽃색	✳ ✱ ✾ 노랑, 보라, 하양
시중에 유통되는 시기	1 2 3 4 5 6 7 8 9 10 11 12

✿ 꽃말 : 성실, 내성적인 사랑

방크시아

다른 이름 : 방크샤, 뱅크시아, 뱅크셔

<u>프</u>로테아과 방크시아속의 열대성 교목 또는 관목의 총칭으로 다양한 품종이 있다. 오스트레일리아 원산의 야생화인 방크시아는 꽃은 원기둥 형태이고 잎에는 톱니 모양이 있는 경우가 많으며, 우리나라에서는 대부분 수입에 의존하는데 독특하고 존재감 있는 꽃 모양 때문에 인기가 많다. 절화 상태로 건조시켜 건조화로도 사용한다.

학명	*Banksia* spp.
과명	프로테아과 Proteaceae
속명	방크시아속 Banksia
영명	Banksia
형태 분류	폼
꽃색	✿ ✿ ✿ ✿ ✿ 주황, 갈색, 노랑, 보라, 하양
시중에 유통되는 시기	1 2 3 4 5 6 7 8 9 10 11 12

✿ 꽃말 : 감사

백일홍

다른 이름 : 백일초, 백일화, 지니아

꽃이 100일 동안 붉게 핀다는 뜻에서 백일홍(百日紅)이라고 하며, 꽃이 오랫동안 차례차례 피는 모습에서 백일초·백일화라고도 한다. 속명인 지니아는 명명자인 린네가 제자인 진을 기려 붙인 것이라고 한다. 6~10월에 여러 가지 빛깔의 두상화가 피며, 꽃 색이 선명하고 풍부하다. 품종 개발로 다양한 종류가 있으며, 색깔도 다양하게 유통되고 있다. 화단용, 절화용으로 많이 이용되는데, 줄기 속이 비어 있으므로 절화로 이용할 때는 주의해서 다뤄야 한다.

학명	*Zinnia* spp.
과명	국화과 Compositae
속명	백일홍속 Zinnia
영명	Zinnia, Common zinnia, Youth-and-old-age
형태 분류	매스
꽃색	❋ ❋ ❋ ❋ ❋ ❋ ❋ 빨강, 분홍, 주황, 노랑, 하양, 초록, 믹스
시중에 유통되는 시기	1 2 3 4 5 6 7 8 9 10 11 12

🌸 꽃말 : 행복, 인연, 순결, 떠나간 친구를 그리워하다.

95

버질리아

다른 이름 : 베르젤리아

남아프리카 원산의 식물로 방울 모양의 열매처럼 생긴 꽃이 특징적인데, 사실 꽃잎처럼 보이는 것은 꽃받침이다. 다양한 품종이 있으며, 결혼식 부케나 크리스마스 리스에 많이 사용한다. 부루니아의 근연종으로 부루니아와 비슷하게 생겼는데 꽃이 더 작고 가지가 짧다. 절화 상태에서도 아주 오래가는 장점이 있으며, 건조화로도 많이 이용한다.

학명	*berzelia* spp.
과명	부루니아과 Bruniaceae
속명	버질리아속 Berzelia
영명	Berzelia
형태 분류	필러, 매스
꽃색	✳ ✳ ✳ ✳ ✳ ✳ 빨강, 분홍, 노랑, 초록, 갈색, 하양
시중에 유통되는 시기	1 2 3 4 5 6 7 8 9 10 11 12

꽃말 : 정열

97

베로니카

다른 이름 : 스피카타꼬리풀, 꼬리풀

현삼과 개불알속에는 다양한 품종이 있는데, 흔히 베로니카라고 부르는 식물은 가늘고 곧게 자란 긴 줄기 끝에 꽃이 총상화서로 밀집하여 피는 것을 말한다. 흔히 베로니카라는 이름의 절화로 유통되는 것은 스피카타꼬리풀(*Veronica spicata*)이며, 꼬리풀(*Veronica linariifolia*)과 현삼과 냉초속의 냉초(*Veronicastrum sibiricum*)도 비슷하게 생겼다. 늘어지는 듯한 꽃들의 형태가 사랑스러워 많이 사용하나 절화 후엔 물올림을 해도 시드는 속도가 빠르다.

학명	*Veronica* spp.
과명	현삼과 Scrophulariaceae
속명	개불알풀속 Veronica
영명	Speedwell, Brooklime
형태 분류	필러
꽃색	✿ ✿ ✿ ✤ 분홍, 보라, 파랑, 하양
시중에 유통되는 시기	1 2 3 4 5 **6** **7** **8** 9 10 11 12

🌼 꽃말 : 정조, 충실, 견고, 달성

복숭아꽃

다른 이름 : 복사꽃, 도화, 복사나무

장미과에 속하는 복숭아꽃은 복사꽃이라고도 불린다. 중국에서는 장수를 상징하며 식용과 약용, 화목용으로 재배된다. 꽃은 벚꽃과 비슷하게 생겼으며 꽃잎은 차로도 마신다. 영어 이름 'Peach blossom'은 여성의 엉덩이라는 뜻과 마음에 드는 여자라는 뜻이 담겨 있다. 화훼 장식용으로 사용할 때는 주로 꽃 장식의 중심선을 세우는 역할을 한다.

학명	*Prunus persica* L.
과명	장미과 Rosaceae
속명	벚나무속 Prunus
영명	Peach blossom, Prunus
형태 분류	라인
꽃색	✻ 연분홍
시중에 유통되는 시기	1 2 3 **4** **5** 6 7 8 9 10 11 12

✻ 꽃말 : 희망, 용서, 사랑의 노예

부들레야

다른 이름 : 붓들레아, 서머라일락

 관상식물로 널리 재배되는 낙엽관목으로 다양한 이름을 가진 변종이 재배된다. 6~7월에 자잘한 꽃들이 원추꽃차례로 아래에서부터 위로 줄기를 타고 무리지어 핀다. 개화 기간이 길고, 꽃향기가 강하고 꿀이 많아 나비를 불러들인다 하여 Butterfly bush라고 한다. 라일락과 닮아 여름에 피는 라일락이라는 뜻에서 서머라일락이라고도 불리는데, 일반 라일락은 꽃들이 아래로 쳐지듯 피는 반면 부들레야는 줄기가 비교적 강해 위로 솟는 듯 꽃이 핀다.

학명	*Buddleja davidii* spp.
과명	마전과 Loganiaceae
속명	부들레야속 Buddleja
영명	Butterfly bush, Summer lilac, Orange eye, Lilac summer
형태 분류	라인, 필러
꽃색	✽ ✽ ✾ 분홍, 보라, 하양
시중에 유통되는 시기	1 2 3 4 5 6 7 8 9 10 11 12

✾ 꽃말 : 친구의 우정

절화

부바르디아

다른 이름 : 부발디아, 보바르디아

중앙아메리카, 멕시코가 원산지인 꼭두서닛과의 관목 또는 여러 해살이풀로 줄기 끝에서 달콤한 향기가 나는 청초한 꽃이 피어 결혼식 부케용으로도 많이 사용한다. 꽃봉오리는 사각형의 풍선 모양이며, 홑꽃잎이 십자형의 네 갈래로 나뉘는 것이 보통인데 최근엔 겹꽃도 나온다. 물올림이 좋지 않아 물에 깊게 담그거나 짧게 사용하는 것이 좋다.

학명	*Bouvardia hybrida*
과명	꼭두서닛과 Rubiaceae
속명	부바르디아속 Bouvardia
영명	Bouvardia
형태 분류	필러, 매스
꽃색	✳ ✳ ✳ ✳ ✳ ✳ 빨강, 분홍, 하양, 보라, 초록, 믹스
시중에 유통되는 시기	1 2 3 4 5 6 7 8 9 10 11 12

✳ 꽃말 : 나는 당신의 포로

부플레움

다른 이름 : 부플리움, 부플륨

시호속(Bupleurum) 식물을 이르는데, 흔히 부플레움이라 불리며 절화로 많이 유통되는 것은 'Bupleurum rotundifolium'이다. 여러 갈래로 나뉜 가는 가지 끝에 아주 작은 노란빛 꽃과 꽃턱잎이 별 모양을 이루며 달린다. '채움 꽃(filler flower)'으로 많이 사용하며, 그린 소재로도 활용한다. 절화로 사용할 경우, 줄기가 가늘고 속이 비어 있어 다루기 어려우므로 주의해야 하며, 꽃과 잎이 건조해지지 않도록 물 관리에 유의한다.

학명	*Bupleurum* spp.
과명	산형과 Umbelliferae
속명	시호속 Bupleurum
영명	Bupleurum, Thorough-wax
형태 분류	필러
꽃색	❋ 초록
시중에 유통되는 시기	1 2 3 4 5 6 7 8 9 10 11 12

❋ 꽃말 : 고마운 행운, 자유, 매력

불두화

다른 이름 : 수국백당나무, 불두화나무, 백당수국

백당나무(*Viburnum opulus var. calvescens*)를 원예종으로 계량해서 만든 품종으로 모든 꽃이 무성화로 열매를 맺지 않는다. 주로 절에서 관상용으로 많이 재배하며, 부처님의 머리를 닮았다 하여 불두화라고 한다. 꽃이 수국과 비슷하여 수국백당, 또는 백당수국이라고도 부른다. 같은 인동과의 설구화라고도 불리는 수구화(*Viburnum plicatum*)와 비슷하게 생겼는데, 불두화는 잎이 세 갈래로 갈라져 있는 것에 반해 수구화 잎은 깻잎 모양으로 타원형이다.

학명	*Viburnum opulus f. hydrangeoides*
과명	인동과 Caprifoliaceae
속명	산분꽃나무속 Viburnum
영명	Snowball
형태 분류	매스
꽃색	✳ ✳ ✳ 분홍, 하양, 초록
시중에 유통되는 시기	1 2 3 4 5 6 7 8 9 10 11 12

✾ 꽃말 : 제행무상(세상에 변하지 않는 것은 없다.)

불로초

다른 이름 : 큰꿩의비름

꿩의비름속에는 다양한 종이 있는데 흔히 불로초라는 이름으로 절화로 유통되는 것은 대개 큰꿩의비름이다. 8~9월에 흰색과 붉은 색의 작은 꽃들이 무리지어 피는데, 봄철에는 꽃이 피지 않은 상태로 유통되어 녹색을 띠지만 여름철에는 꽃이 핀 상태로 유통되기도 하여 흰색이나 분홍색으로 보인다. 다육질의 잎과 가지가 독특한 느낌을 주는 여러해살이풀로, 건조에 강해 오래가지만 절화로 사용하여 물에 담가 두면 줄기가 쉽게 물러지므로 주의한다.

학명	정명 : *Hylotelephium spectabile* 이명 : *Sedum spectabile*
과명	돌나물과 Crassulaceae
속명	꿩의비름속 Hylotelephium
영명	Showy stonecrop, Ice plant, Butterfly stonecrop
형태 분류	필러, 매스
꽃색	✿ ✿ ✿ 빨강, 분홍, 하양
시중에 유통되는 시기	1 2 3 4 5 6 7 8 9 10 11 12

🌸 꽃말 : 순종, 정은, 믿고 따릅니다.

브루니아

다른 이름 : 부루니아

　　남아프리카 공화국 원산의 관목으로 다양한 품종이 있는데, 시중
에 브루니아라는 이름으로 많이 유통되는 것은 실버 브루니아(silver
brunia)라고 불리는 '*Brunia laevis*'이다. 실버 브루니아는 독특한
회색빛으로 가지 끝에 열매처럼 생긴 둥근 꽃들이 달리는 모양이 버
질리아와 비슷하다. 독특한 질감과 색으로 크리스마스 장식, 건조화
등 다양한 꽃 장식에 사용된다. 다양한 색상과 품종이 유통되며, 수
입이 보편화되어 시중에서 쉽게 찾아볼 수 있다.

학명	*brunia* spp.
과명	부루니아과 Bruniaceae
속명	브루니아속 Brunia
영명	Brunia
형태 분류	필러, 매스
꽃색	❋ ✸ ✸ 하양, 갈색, 회색
시중에 유통되는 시기	1　2　3　4　5　6 7　8　9　10　11　12

✿ 꽃말 : 불변

블러싱브라이드

다른 이름 : 브러싱브라이드, 세루리아

투명감 있는 하얀빛 꽃잎이 겹겹이 겹쳐 있는 것처럼 보이는 것은 사실 꽃턱잎으로 시간이 지나면서 가운데가 점점 분홍빛으로 물드는데, 그 모양이 마치 얼굴을 붉힌 신부 같다고 하여 블러싱브라이드라고 한다. 꽃이 아름답고 고급스러워 결혼식 부케로도 많이 이용하는데, 수입종이라 유통되는 시기가 짧고 가격도 비싼 편이다. 물올림 후에도 수명이 오래가며, 드라이 소재로도 사용한다.

학명	*Serruria florida*
과명	프로테아과 Proteaceae
속명	세루리아속 Serruria
영명	Blushing bride, Pride of franschhoek
형태 분류	매스
꽃색	✿ ❋ ✿ 분홍, 하양, 믹스
시중에 유통되는 시기	1 2 3 4 5 6 7 8 9 10 11 12

꽃말 : 새로운 만남, 배려

상사화

다른 이름 : 개가재무릇, 개난초

수선화과의 여러해살이 알뿌리 식물로 8~9월에 꽃줄기 끝에서 산형 화서를 이루며 꽃이 달리고, 꽃이 피고 난 뒤에 잎이 난다. 꽃이 있을 때는 잎이 없고, 잎이 있을 때는 꽃이 없기 때문에 만날 수 없는 잎과 꽃이 서로를 생각한다 하여 상사화(相思花)라는 이름이 붙었다. 절에 가면 많이 볼 수 있는데, 이는 탱화를 그릴 때 상사화 꽃과 뿌리를 사용하기 때문이라고 한다. 절화용으로도 사용하는데 물올림이 좋지 않아 꽃이 빨리 시들므로 주의한다.

학명	*Lycoris squamigera* Maxim.
과명	수선화과 Amaryllidaceae
속명	상사화속 Lycoris
영명	Magic lily, Resurrection lily
형태 분류	라인, 폼, 매스
꽃색	❋ 분홍
시중에 유통되는 시기	1 2 3 4 5 6 7 8 9 10 11 12

❋ 꽃말 : 이루어질 수 없는 사랑, 아픈 사랑

샐비어

다른 이름 : 살비아, 사루비아, 세이지

우리나라 말로 깨꽃이라고 하는 샐비어는 배암차즈기속(샐비어속)의 식물을 통틀어 이르는 말로 다양한 종이 있는데, 그 중 절화로 많이 유통되는 것은 '파리나케아살비아'또는 '블루세이지'라는 이름의 종이다. 시중에서는 수입산이 주로 유통된다. 여름에서 가을에 걸쳐 이삭 모양으로 꽃이 피는 초화로 우리나라에서는 흔히 보라색 꽃이 피며, 절화 후에는 시드는 속도가 빠르므로 주의한다.

학명	*Salvia* spp.
과명	꿀풀과 Labiatae
속명	배암차즈기속 Salvia
영명	Salvia, Sage
형태 분류	필러
꽃색	❀ ❀ ❀ ❀ 분홍, 보라, 하양, 파랑
시중에 유통되는 시기	1 2 3 4 5 6 7 8 9 10 11 12

❀ 꽃말 : 불타는 마음, 열정, 지혜

석죽

다른 이름 : 패랭이꽃, 다이안서스

카네이션을 제외한 석죽과 패랭이꽃속의 꽃들을 통틀어 패랭이꽃이라고 하는데, 흔히 시중에서 석죽이라는 이름으로 유통되는 절화는 수염패랭이꽃(*Dianthus barbatus*, 스위트윌리엄, 아메리카패랭이꽃)을 일컫는다. 다양한 품종과 색상이 있으며, 줄기에 잔잔한 작은 꽃들이 무리지어 있어 절화로 사용할 때는 채움 꽃(filler flower)으로 많이 사용한다. 꽃잎이 없이 받침만 있는 녹색의 테마리소우(green ball, green trick)라는 독특한 원예 품종도 있다.

학명	*Dianthus* spp.
과명	석죽과 Caryophyllaceae
속명	패랭이꽃속 Dianthus
영명	Dianthus
형태 분류	필러, 매스
꽃색	❁ ❁ ❁ ❁ ❁ ❁ ❁ 빨강, 분홍, 보라, 노랑, 초록, 하양, 믹스
시중에 유통되는 시기	1 2 3 4 5 6 7 8 9 10 11 12

❁ 꽃말 : 패랭이꽃–순결한 사랑, 순애, 재능, 거부
　　　　수염패랭이꽃–의협심

솔리다고

다른 이름 : 골든로드, 미국미역취

국화과의 여러해살이 초화로 8~9월에 자잘하게 뻗은 가지 위에 노란색의 작은 꽃들이 원추 화서로 무수히 피며, 절화로서는 꽃과 꽃 사이를 채워 주는 소재로 많이 이용한다. 시중에서는 미국미역취를 유통명으로 기린초라고 부르기도 하는데, 사실 이 둘은 전혀 다른 식물로 기린초는 산이나 들의 바위에서 자라는 돌나물과의 여러해살이 풀이다.

절화

학명	정명 : *Solidago serotina* 이명 : *Solidago gigantea*
과명	국화과 Compositae
속명	미역취속 Solidago
영명	Solidago, Late goldenrod, Giant goldenrod, Smooth goldenrod
형태 분류	필러
꽃색	✻ 노랑
시중에 유통되는 시기	1 2 3 4 5 6 7 8 9 10 11 12

✻ 꽃말 : 나를 돌아봐 주세요.

123

솔리다스터

다른 이름 : 솔리, 솔리다고애스터

미역취(Solidago)와 과꽃(Aster)을 교배하여 만든 잡종으로 언뜻 솔리다고와 비슷해 보이지만 전체적인 실루엣이 다르며, 솔리다스터는 줄기에서 잔가지가 스프레이상으로 넓게 뻗어 있고, 가지를 잘게 나눌 수 있다. 자잘하게 뻗은 가지 위에 노란색의 작은 꽃들이 무수히 달려 있어 절화로 사용할 때는 꽃과 꽃 사이의 빈 공간을 채워주는 역할을 하는데, 잎은 쉽게 물러지기 때문에 제거해 주는 것이 좋다.

학명	*Solidaster luteus*
과명	국화과 Compositae
속명	솔리다스터속 Solidaster
영명	Solidaster, Golden aster
형태 분류	필러
꽃색	✳ 노랑
시중에 유통되는 시기	1 2 3 4 5 6 7 8 9 10 11 12

✳ 꽃말 : 풍부한 지식

125

수국

다른 이름 : 수구화, 자양화, 팔선화 등

범 의귓과 수국속의 식물을 통틀어 수국이라고 하며, 재래종·수입종 등 다양한 품종이 있는데 우리가 일반적으로 수국이라고 부르는 꽃으로 시중에 절화로도 많이 유통되는 품종은 6~7월경에 취산화서로 풍성한 꽃이 피는 수국(*Hydrangea macrophylla*)을 말한다. 화려하고 풍성한 꽃잎이 눈길을 사로잡는 꽃인데 사실 꽃으로 보이는 부분은 꽃받침이다. 계절에 따라 유통되는 품종과 시세가 천차만별이며, 시중에서는 결혼식 꽃장식으로 많이 사용한다.

학명	*Hydrangea* spp.
과명	범의귓과 Saxifragaceae
속명	수국속 Hydrangea
영명	Hydrangea
형태 분류	폼, 매스
꽃색	✱ ✱ ✱ ✱ ✱ ✱ ✱ 빨강, 분홍, 보라, 파랑, 초록, 하양, 믹스
시중에 유통되는 시기	1 2 3 4 5 6 7 8 9 10 11 12

꽃말 : 냉정, 무정, 거만, 소녀의 꿈, 변덕, 변심

수선화

다른 이름 : 배현, 수선, 나르시서스

일반적으로 수선화과에 속하는 여러해살이 구근 식물을 수선화라고 하는데, 교배 등 개량을 통해 다양한 품종이 존재한다. 중앙이 나팔 형태로 꽃 하나가 크게 피는 나팔수선과 한 줄기에 여러 개의 작은 꽃이 달리는 방울수선(미니 수선)이 일반적이다. 많은 사람들에게 사랑받는 꽃으로 정원용이나 절화용으로도 많이 사용된다. 절화로 사용할 경우에는 줄기 속이 비어 있어 꺾이기 쉽고, 물올림이 제대로 안 되면 쉽게 시들기 때문에 주의해야 한다.

학명	*Narcissus* spp.
과명	수선화과 Amaryllidaceae
속명	수선화속 Narcissus
영명	Narcissus
형태 분류	폼, 매스, 필러
꽃색	✽✽✾❁✽ 분홍, 주황, 노랑, 하양, 믹스
시중에 유통되는 시기	1 2 3 4 5 6 7 8 9 10 11 12

✾ 꽃말 : 자기 사랑, 자존심, 고결, 신비

숙근스타티스

다른 이름 : 미스티블루, 카스피아, 환타지아

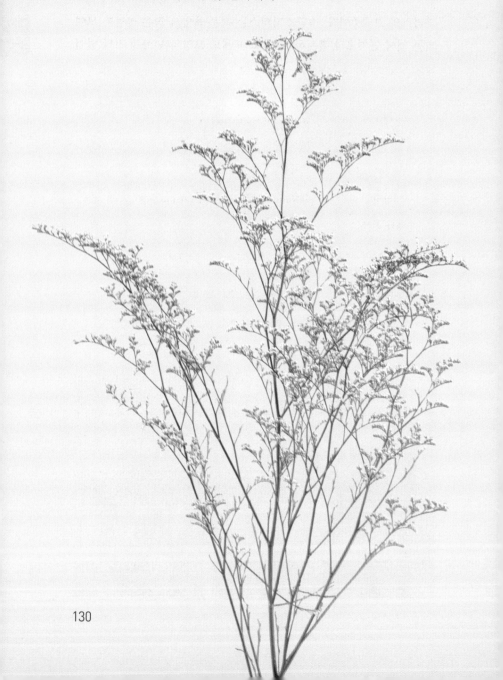

갯길경과로 스타티스 중에서 여러해살이풀이다. 보통 절화시장에서 미스티블루, 환타지아, 카스피아 등으로 불리지만, 이는 숙근스타티스의 교배종이다. 숙근스타티스는 작은 꽃잎과 작은 꽃들이 모여 피는 것이 안개초와 흡사하다. 건조 후에도 모양의 변화가 거의 없어 드라이플라워나 절화용으로 많이 이용된다.

학명	*Limonium latifolium*
과명	갯길경과 Plumbaginaceae
속명	스타티스속 Statice
영명	Limonium, Misty blue, Caspia
형태 분류	필러
꽃색	✽ ✽ ❀ 파랑, 보라, 하양
시중에 유통되는 시기	1 2 3 4 5 6 7 8 9 10 11 12

❀ 꽃말 : 청초한 사랑

숙근안개초

다른 이름 : 숙근안개꽃

자잘하게 나뉜 가지 끝에 작은 꽃들이 안개가 낀 것처럼 무수히 모여 피어 '안개꽃'이라는 이름으로 불린다. 보통 절화 시장에서 '안개꽃'이라는 이름으로 연중 유통되는 것은 '숙근안개초'를 말하며, 실제 안개꽃(*Gypsophila elegans*)은 5~6월에 꽃을 피우는 내한성 한해살이 초화로 원예용으로 많이 사용한다. 잎이 물에 잠기면 쉽게 부패하므로 물에 잠기는 부분의 잎은 제거해 주는 것이 좋고, 가지가 얇아 쉽게 부러지므로 다룰 때 주의한다.

학명	*Gypsophila paniculata* L.
과명	석죽과 Caryophyllaceae
속명	대나물속 Gypsophila
영명	Baby's breath, Perennial gypsophila
형태 분류	필러
꽃색	✳ ❀ 분홍, 하양
시중에 유통되는 시기	1 2 3 4 5 6 7 8 9 10 11 12

❀ 꽃말 : 맑은 사랑, 맑은 마음, 깨끗한 마음, 사랑의 성공

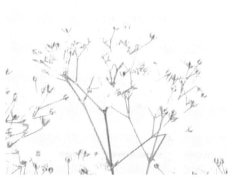

스카비오사

다른 이름 : 서양체꽃

산토끼꽃과 체꽃속의 한해살이풀 또는 여러해살이풀을 통틀어 '스카비오사'라고 하며, 다양한 품종이 있다. 얇고 가는 줄기 끝에 섬세하고 작은 꽃들이 두상화로 피는 것이 주된 형태이며, 최근에는 벨벳 질감의 꽃잎과 독특한 꽃 색, 꽃잎이 없는 구 형태 등 그 종류가 더욱 다양해졌다. 주로 분화나 절화로 이용하는데, 줄기가 가늘고 꽃이 무거워 꽃머리가 방향을 바꾸기 쉬우므로 다룰 때 주의한다.

학명	*Scabiosa* spp.
과명	산토끼꽃과 Dipsacaceae
속명	체꽃속 Scabiosa
영명	Sweet scabious, Egyptian rose, Mourning-bride
형태 분류	매스
꽃색	✿ ✿ ✿ ✿ ✿ ✿ ✿ ✿ ✿ 빨강, 분홍, 노랑, 하양, 보라, 파랑, 초록, 검붉은색, 믹스
시중에 유통되는 시기	1 2 3 4 5 6 7 8 9 10 11 12

✿ 꽃말 : 이루어질 수 없는 사랑

스타티세

다른 이름 : 스타티스, 리모니움, 리모늄, 꽃갯길경

갯길경과 갯길경이속 초화의 총칭으로 다양한 품종이 있다. 현재 속명보다 예전 속명이었던 스타티세라는 이름으로 많이 통용된다. 흔히 시중에서는 한해살이로 종이처럼 건조한 질감을 가진 꽃(꽃잎처럼 보이는 것은 사실 꽃턱잎이다)이 자잘하게 피는 꽃갯길경(*Limonium sinuatum*)을 스타티세라고 부르며, 아주 작은 꽃들이 다발로 피는 미스티블루(misty blue) 등 여러해살이로 피는 것은 숙근스타티세(*Limonium hybridum*)라고 한다.

학명	*Limonium* spp.
과명	갯길경과 Plumbaginaceae
속명	갯길경이속 Limonium
영명	Statice, Sea lavender
형태 분류	필러
꽃색	✿ ✿ ✿ ✿ ✿ ✿ ✿ ✿ 빨강, 분홍, 주황, 노랑, 하양, 보라, 갈색, 믹스
시중에 유통되는 시기	1 2 3 4 5 6 7 8 9 10 11 12

꽃말 : 영원한 사랑, 청초한 사랑

스톡

다른 이름 : 비단향꽃무, 스토크, 잉카나 마티올라

겹꽃인 것 또는 홑꽃인 것, 긴 줄기 한 대에 많은 꽃이 피는 것 또는 짧은 줄기에 스프레이 형태로 꽃이 피는 것 등 그 품종이 다양하다. 잎이 어긋난 피침 모양으로 꽃 형태가 아름답고, 꽃 색이 풍부하며, 꽃향기도 좋아 화단용이나 절화용으로 많이 사용한다. 줄기와 꽃머리가 쉽게 부러지므로 취급에 주의해야 하며, 시간이 지남에 따라 빛이 비치는 방향으로 꽃줄기가 휘어지는 굴광성이 있으므로 형태 변화에 주의한다.

학명	*Mathiola incana*
과명	십자화과 Cruciferae
속명	마티올라속 Matthiola
영명	Stock, Brampton stock, Common stock
형태 분류	라인, 매스
꽃색	❋ ❋ ❋ ❋ ❋ ❋ ❋ 빨강, 분홍, 주황, 노랑, 하양, 보라, 믹스
시중에 유통되는 시기	1 2 3 4 5 6 7 8 9 10 11 12

✿ 꽃말 : 영원히 아름답다, 영원한 사랑, 역경에도 변치 않는 정성

심비디움

다른 이름 : 심비듐

보춘화속(Cymbidium)의 식물을 총칭하여 심비디움이라고 하는데, 특히 열대 아시아에서 자생하는 것을 품종 개량한 서양란을 일컫는다. 속명의 어원은 라틴어로 '배'를 의미하는 'cymba'이다. 화려한 꽃이 꽃대에 여러 개 달려 풍성하고 우아한 형태를 이루며, 원래는 향기가 없었는데 최근엔 품종 개량으로 향이 나는 것도 있다. 독특한 질감의 꽃은 수명이 길어 오래 가며, 주로 분화로 많이 키웠는데 최근엔 절화 등으로도 다양하게 활용한다.

학명	*Cymbidium* spp.
과명	난초과 Orchidaceae
속명	보춘화속 Cymbidium
영명	Cymbidium, Boat orchid
형태 분류	매스, 폼, 라인
꽃색	✽ ✽ ✽ ✽ ✽ ✽ ✽ ✽ 빨강, 분홍, 주황, 노랑, 하양, 초록, 갈색, 믹스
시중에 유통되는 시기	1 2 3 4 5 6 7 8 9 10 11 12

✽ 꽃말 : 귀부인, 미인

쑥국화

다른 이름 : 탄지(탠지), 아타나시아, 마도리카리아

흔히 '탄지'라고 불리는 꽃으로 7~9월에 단추 모양의 작은 꽃이 가는 줄기 끝에 산방화서로 핀다. 허브로서 약재로 많이 사용되던 초화로 꽃이 오래가고 색이 잘 바래지 않는 것에서 '불멸'이라는 뜻의 그리스어 '아타나시아(Athanasia)'로 불리기도 한다. 일본 이름의 영향으로 같은 쑥국화속으로 피버퓨(feverfew) 또는 화란국화로 불리는 파르테니움쑥국(*Tanacetum parthenium*)과 함께 절화 시장에서는 '마도리카리아'라고 부르기도 한다.

학명	*Tanacetum boreale*
과명	국화과 Compositae
속명	쑥국화속 Tanacetum
영명	Common tansy, Bitter buttons, Cow bitter, Golden buttons
형태 분류	필러, 매스
꽃색	❋ ❋ ❋ ❋ 분홍, 노랑, 하양, 초록
시중에 유통되는 시기	1 2 3 4 5 6 7 8 9 10 11 12

❋ 꽃말 : 평화

143

아가판서스

다른 이름 : 아가판투스, 자주군자란

남아프리카 원산의 여러해살이 구근 식물로 곧게 뻗은 긴 줄기 끝에 백합을 닮은 트럼펫 형태의 작은 꽃들이 우산살이 뻗은 것처럼 무리지어 달린다. '아가판서스(agapanthus)'라는 이름은 그리스어 'agape(사랑)'와 'anthoe(꽃)'에서 유래하였고, 대표적인 종은 아프리카누스 아가판서스(*Agapanthus africanus*)이다. 향기가 진한 편이고, 주로 절화로 많이 이용한다. 빛을 못 보면 꽃이 피지 못하고 꽃봉오리 상태로 떨어질 수 있으므로 주의한다.

학명	*Agapanthus* spp.
과명	백합과 Liliaceae
속명	아가판서스속 Agapanthus
영명	Agapanthus, African lily, Lily of the nile
형태 분류	라인, 폼
꽃색	✿ ✿ ✿ ✿ 보라, 파랑, 하양, 믹스
시중에 유통되는 시기	1 2 3 4 5 6 7 8 9 10 11 12

✿ 꽃말 : 사랑의 소식, 사랑의 방문, 사랑의 편지

아게라툼

다른 이름 : 아게라팀, 불로화, 멕시코엉겅퀴

꽃 색이 잘 바래지 않고 오래가는 것에서 불로화라고 불리듯, *Ageratum*이라는 학명 역시 '늙지 않는, 영원한'이라는 뜻을 가진 그리스어 'ageratos'에서 유래했다. 여름에서 가을에 걸쳐 솜방울 같은 독특한 작은 꽃들이 둥글게 피는 한해살이 초화로 화단용, 분화용, 절화용으로 다양하게 이용된다. 습기에 약하므로 꽃에는 물을 뿌리지 않도록 주의한다. 멕시코가 원산지로 관상용이다.

학명	*Ageratum houstonianum*
과명	국화과 Compositae
속명	등골나물아재비속 Ageratum
영명	Ageratum, Mexican paintbrush, Flossflower, Pussy-foot
형태 분류	필러, 매스
꽃색	✳ ✳ ✳ ✳ 분홍, 보라, 파랑, 하양
시중에 유통되는 시기	1　2　3　4　5　6　7　8　9　10　11　12

꽃말 : 신뢰

아네모네

다른 이름 : 바람꽃, 양귀비 아네모네

바람꽃속에는 많은 종이 있는데, 그 중 일반적으로 절화 시장에서 '아네모네'라는 이름으로 겨울에서 봄에 주로 유통되는 것은 '코로나리아 아네모네'이며 품종이 다양하다. 봄에 바람이 불지 않으면 꽃이 피지 않는다는 연유에서 그리스어 'anemos(바람)'에서 이름이 유래하였다. 가을에 심어 봄에 꽃을 보는 추식 구근이며, 꽃잎처럼 보이는 것은 사실 꽃받침으로 빛과 온도에 민감하다. 꽃이 활짝 핀 후에는 꽃가루가 날릴 수 있으므로 다룰 때 주의한다.

학명	*Anemone coronaria* L.
과명	미나리아재빗과 Ranunculaceae
속명	바람꽃속 Anemone
영명	Anemone, Anemone poppy, Lily of the field, Windflower
형태 분류	매스
꽃색	✽ ✽ ✿ ✽ ✽ ✽ 빨강, 분홍, 하양, 보라, 파랑, 믹스
시중에 유통되는 시기	1 2 3 4 5 6 7 8 9 10 11 12

✿ 꽃말 : 배신, 고독, 기대, 사랑의 괴로움, 덧없는 사랑

아마릴리스

다른 이름 : 진주화

열대 아메리카 원산의 여러해살이 구근 식물로 여러 종을 교배하여 만든 원예종이다. 굵은 줄기 끝에 백합을 닮은 나팔 형태의 크고 화려한 꽃이 산형 화서로 달리는데, 개량에 따라 다양한 크기와 형태의 품종이 있다. 보통은 분화 식물로 나오며, 절화로 사용할 경우에는 줄기 속이 비어 있어 자르면 갈라져서 뒤집어지거나 쉽게 부러지므로 테이프 등으로 주위를 감아서 자른 후 솜으로 절단 부분을 막아 주는 등 취급에 주의한다.

학명	*Hippeastrum hybridum* Hort.
과명	수선화과 Amaryllidaceae
속명	아마릴리스속 Hippeastrum
영명	Amaryllis, Barbados lily, Knight's star lily
형태 분류	라인, 폼
꽃색	✽ ✽ ✽ ✽ ✽ ✽ ✽ ✽ ✽ 빨강, 분홍, 주황, 노랑, 하양, 보라, 초록, 갈색, 믹스
시중에 유통되는 시기	1 2 3 4 5 6 7 8 9 10 11 12

✽ 꽃말 : 야생종 – 침묵, 겁쟁이 / 원예종 – 눈부신 아름다움, 수다쟁이

아스클레피아스

다른 이름 : 금관화

줄기 끝에 여러 개의 작은 꽃들이 한 덩어리가 되어 산형 화서로 피며, 잎과 줄기를 자르면 하얀 유액이 나온다. 시중에서 금관화라는 이름으로 알려진 '아스클레피아스 크라싸비카(*Asclepias curassavica*)'는 주황빛 꽃받침과 노란색 꽃의 대비가 아름답다. 그 밖에 금관화속에 속하는 '잉카르나타 금관화(*Asclepias incarnata*)'는 재배 품종으로 하얀색, 분홍색 등 꽃 색이 화사하며, '투베로사 금관화(*Asclepias tuberosa*)'는 오렌지색 꽃이 핀다.

학명	*Asclepias* spp.
과명	박주가릿과 Asclepiadaceae
속명	금관화속 Asclepias
영명	Asclepias, Blood flower, Milkweed swamp, Butterfly weed
형태 분류	라인, 매스
꽃색	✽ ✽ ✽ ✽ ✽ ✽ 빨강, 분홍, 주황, 노랑, 하양, 보라
시중에 유통되는 시기	1 2 3 4 5 6 7 8 9 10 11 12

✽ 꽃말 : 화려한 추억, 나는 변하지 않는다.

아스틸베

다른 이름 : 노루오줌

가는 줄기 끝에 작은 꽃들이 뭉쳐서 삼각뿔처럼 이삭 형태를 이루며 무수히 달리는 여러해살이 초화이다. 뿌리에서 오줌과 비슷한 냄새가 난다고 하여 노루오줌이라는 이름이 붙었다. 시중에 유통되는 것은 개량된 원예종이 일반적이며, 절화 시장에서는 속명인 '아스틸베'라는 이름으로 더 많이 알려져 있다. 절화로 사용할 경우에는 물올림이 좋지 않아 꽃이삭이 금방 쳐지는 경향이 있으므로 주의한다.

학명	*Astilbe* spp.
과명	범의귓과 Saxifragaceae
속명	노루오줌속 Astilbe
영명	Astilbe, Spiraea, Perennial spiraea, False goat's beard
형태 분류	필러
꽃색	✻ ✻ ✾ 빨강, 분홍, 하양
시중에 유통되는 시기	1 2 3 4 5 6 7 8 9 10 11 12

✾ 꽃말 : 기약 없는 사랑, 소용없는 일, 쑥스러움

아이리스

다른 이름 : 구근아이리스, 붓꽃, 꽃창포

아이리스는 붓꽃속(Iris)을 총칭하는 말로 이 속에는 붓꽃, 꽃창포 등 많은 종이 있는데, 일반적으로 절화 시장에서 '아이리스'라는 이름으로 유통되는 것은 더치아이리스(Dutch iris) 등 유럽에서 교배·개량된 구근 품종이다. 우리나라에서 흔히 볼 수 있는 붓꽃, 꽃창포 등은 근경아이리스이다. 구근아이리스는 보통 가을에 심는 추식 구근이며, 꽃의 수명은 짧지만 길게 뻗은 줄기 선과 꽃의 형태 및 색이 아름다워 꽃꽂이용으로 많이 애용된다.

학명	Iris spp.
과명	붓꽃과 Iridaceae
속명	붓꽃속 Iris
영명	Iris
형태 분류	라인, 매스
꽃색	✽ ✽ ✽ ✽ ✽ ✽ ✽ ✽ 분홍, 주황, 노랑, 하양, 보라, 파랑, 갈색, 믹스
시중에 유통되는 시기	1 2 3 4 5 6 7 8 9 10 11 12

✽ 꽃말 : 좋은 소식, 잘 전해 주세요, 신비한 사람, 변덕스러움

아킬레아

다른 이름 : 야로, 톱풀

톱풀속(Achillea)에는 많은 종이 있으며, 대부분 온대 지역을 중심으로 분포한다. 유럽 원산의 여러해살이 초화로 서양에서는 야로(Yarrow)라는 이름의 허브로 재배되어 왔다. 톱날처럼 생긴 잎 때문에 '톱풀'이라는 이름으로 불린다. 절화로 많이 이용되는 것은 꽃 색이 풍부한 서양톱풀(*Achillea millefolium*)과 노란색이 돋보이는 터리톱풀(*Achillea filipendulina*)이다. 줄기 끝에 작은 꽃들이 모여 산방 화서로 달리며, 화단용 또는 꽃꽂이용으로 이용된다.

학명	*Achillea* spp.
과명	국화과 Compositae
속명	톱풀속 Achillea
영명	Achillea, Yarrow
형태 분류	라인, 매스
꽃색	❋ ❋ ❋ ❋ 빨강, 분홍, 노랑, 하양
시중에 유통되는 시기	1 2 3 4 5 6 7 8 9 10 11 12

❋ 꽃말 : 숨은 공적, 충실, 투쟁

아티초크

다른 이름 : 키나라

지중해 원산의 여러해살이풀로 엉겅퀴와 비슷하나 줄기 끝에 보라색 꽃 한 송이가 두상 화서로 달리며, 두껍고 까끌까끌한 다육질의 은백색 꽃받침에 감싸여 있다. 꽃이 피기 전의 꽃봉오리는 허브로서 서양 요리의 재료로 쓴다. 건조된 듯한 느낌이라 절화 상태로도 오래 가며, 말려서 장식용으로도 사용한다. 절화로 사용할 때는 꽃 자체로 존재감이 커서 단독으로 사용하는 경우가 많으며, 꽃이 무거우므로 화기 사용에 주의해야 한다.

학명	*Cynara cardunculus* L.
과명	국화과 Compositae
속명	키나라속 Cynara
영명	Artichoke, Cardoon
형태 분류	라인, 폼
꽃색	✳ 보라
시중에 유통되는 시기	1 2 3 4 5 6 7 8 9 10 11 12

꽃말 : 경고, 독립

안수리움

다른 이름 : 앤슈리엄, 홍학꽃, 플라밍고꽃

꽃잎처럼 보이는 하트 부분은 사실 꽃이 아닌, 꽃을 싸는 포가 변형된 불염포이다. 육수 화서라 불리는, 중앙의 꼬리 모양으로 돌출된 부분에 작은 꽃들이 빽빽하게 핀다. 꽃 이름도 이런 형태에서 그리스어 '안토스(anthos = 꽃)'와 '오라(oura = 꼬리)'에서 유래하였다. 광택 있는 불염포 부분의 질감이 독특하고 존재감이 있어 절화로 많이 사용하며, 공기 정화 기능이 있어 실내에서 분화로도 기른다. 잎 또한 하트 모양으로 별도로 그린 소재로 사용한다.

학명	*Anthurium* spp.
과명	천남성과 Araceae
속명	안수리움속 Anthurium
영명	Anthurium, Flamingo flower, Lily flamingo, Tail flower
형태 분류	라인, 폼
꽃색	빨강, 분홍, 주황, 노랑, 하양, 보라, 초록, 갈색, 믹스
시중에 유통되는 시기	1 2 3 4 5 6 7 8 9 10 11 12

꽃말 : 정열, 번뇌, 사랑에 번민하는 마음

알리움 기간테움

다른 이름 : 알리움(알륨), 큰꽃알리움, 자이언트 알리움

알리움(Allium)은 라틴어로 '부추'를 의미하며, 부추속에는 매우 다양한 종이 있는데 절화 시장에서 흔히 '알리움'이라는 이름으로 불리는 것은 '알리움 기간테움'을 일컫는 경우가 많다. 길고 굵은 줄기에 매우 작은 꽃들이 빽빽하게 밀집하여 커다란 공 모양을 이루며 피며, 줄기를 자르면 부추속 특유의 파 냄새가 난다. 주로 절화로 많이 이용하는데, 가을에 심어 봄에 꽃을 즐기는 추식 구근 식물로서 땅에 심거나 분화로도 이용한다.

학명	*Allium giganteum* Regel
과명	백합과 Liliaceae
속명	부추속 Allium
영명	Giant allium
형태 분류	라인, 폼
꽃색	✽ ✽ ✽ 분홍, 하양, 보라
시중에 유통되는 시기	1 2 3 4 5 6 7 8 9 10 11 12

✽ 꽃말 : 끝없는 슬픔, 멀어지는 마음

알리움 네아폴리타눔

다른 이름 : 코와니, 알리움 코와니, 네아폴리타눔 알리움

정식 국명은 네아폴리타눔 알리움이지만 시중에서는 흔히 '코와니'또는 '알리움 코와니'라는 이름으로 불린다. 하얀 색의 작은 꽃들이 가는 줄기 끝에 각각 또 하나의 작은 줄기를 이루며 산형 화서로 달리며, 부추속 특유의 파 냄새가 난다. 줄기가 부드러운 곡선을 이루고 있어 디자인의 라인 소재로 사용되며, 하얀색 꽃이 아름답고 현대적인 분위기가 나서 결혼식 부케 등에도 많이 이용된다.

학명	*Allium neapolitanum* Cirillo
과명	백합과 Liliaceae
속명	부추속 Allium
영명	Cowanii, Daffodil garlic, Naples garlic
형태 분류	라인, 매스
꽃색	✿ 하양
시중에 유통되는 시기	1 2 3 4 5 6 7 8 9 10 11 12

✿ 꽃말 : 순수, 순진, 천진난만

167

알스트로메리아

다른 이름 : 알스트로에메리아, 잉카백합, 페루백합

추위에 강한 저온성 구근 초화로 꽃줄기 끝에 여러 개의 꽃이 산형 화서를 이루며 달린다. 꽃잎 안쪽에 선 모양의 반점이 들어가 있는 것이 특징적인데, 최근엔 개량에 따라 반점이 없는 것, 색이 혼합된 것 등 다양한 품종이 나와 있다. 꽃 색이 풍부하고 종류가 다양하며, 절화 상태에서도 꽃이 쉽게 시들지 않고 오래가서 활용도가 높아 연중 쉽게 찾아볼 수 있는 꽃이다. 절화로 많이 이용하며, 정원용으로도 심는다.

학명	*Alstroemeria* spp.
과명	알스트로메리아과 Alstroemeriaceae
속명	알스트로메리아속 Alstroemeria
영명	Alstroemeria, Lily of the incas, Peruvian
형태 분류	라인, 폼, 매스
꽃색	✽ ✽ ✽ ✽ ✾ ✽ ✽ ✽ ✽ 빨강, 분홍, 주황, 노랑, 하양, 보라, 초록, 갈색, 믹스
시중에 유통되는 시기	1 2 3 4 5 6 7 8 9 10 11 12

✽ 꽃말 : 에로틱, 새로운 만남, 배려, 우정

암대극

다른 이름 : 갯대극, 갯바위대극, 바위대극, 바위버들옻

대극과의 여러해살이풀로 독이 있는 유독 식물이다. 꽃은 4~5월에 노란빛이 도는 녹색으로 피고, 꽃대와 몇 개의 포엽이 변형하여 잔 모양을 이루는 배상 화서로 달린다. '암대극(巖大戟)'이라는 이름처럼 주로 돌이 많은 암석지에서 무리를 이루며 자란다. 모습이 독특하고, 꽃이 피면 노란색 도는 초록색이 특별한 느낌을 주어 화단용이나 절화용으로 많이 이용한다. 절화로 사용할 경우, 줄기를 자르면 하얀 유액이 나오므로 취급에 주의한다.

학명	*Euphorbia jolkinii* Boiss.
과명	대극과 Euphorbiaceae
속명	대극속 Euphorbia
영명	Jolkin's spurge, Jolkin euphorbia
형태 분류	매스
꽃색	✿ 초록
시중에 유통되는 시기	1 2 3 4 5 6 7 8 9 10 11 12

✿ 꽃말 : 이루고 싶은 사랑

에린기움

다른 이름 : 에린지움

독특한 형태와 금속성 광택이 매력적이며, 건조된 것 같은 질감이 독특한 느낌을 주는 꽃이다. 유럽에서는 전통적으로 남편의 정절을 상징하는 꽃이기도 하다. 보통 절화로 많이 유통되는 것은 크기가 작은 '에린기움 플라눔(*Eryngium planum*)'과 총포가 은백색을 띠는 '에린기움 기간테움(Eryngium giganteum)'이다. 절화로 사용할 경우에는 꽃을 감싸는 포엽 부위와 잎 가장자리에 가시가 있으므로 다룰 때 주의한다. 건조화로도 많이 활용된다.

학명	*Eryngium* spp.
과명	산형과 Umbelliferae
속명	에린기움속 Eryngiuma
영명	Eryngium, Eryngo
형태 분류	매스
꽃색	✽ ✽ ✽ ✽ 보라, 파랑, 초록, 회색
시중에 유통되는 시기	1 2 3 4 5 6 7 8 9 10 11 12

✽ 꽃말 : 비밀스러운 애정

에키네시아

다른 이름 : 호랑이눈(호안), 에키나세아, 드린국화

대표적인 품종으로는 자주루드베키아라고도 불리는 자주천인국 (*Echinacea purpurea*)을 들 수 있으며, 꽃이 피어 나가면서 꽃잎이 아래로 내려가기 때문에 루드베키아와 비슷한 모습이 된다. 꽃 소재로는 잎 없이 중앙의 관상화 부분만을 주로 사용하기 때문에, 생긴 것이 호랑이의 눈 같다고 하여 호랑이눈이라는 이름으로 유통된다. 그리스어 'echinos(고슴도치)'에서 유래한 속명 Echinacea는 바늘이 모여 있듯 날카로운 관상화 부분의 모양에 기인한다.

학명	*Echinacea* spp.
과명	국화과 Compositae
속명	자주천인국속 Echinacea
영명	Echinacea, Coneflower
형태 분류	매스
꽃색	✽ ✾ ✽ 분홍, 하양, 갈색
시중에 유통되는 시기	1 2 3 4 5 6 7 8 9 10 11 12

✾ 꽃말 : 영원한 행복

에키놉스

다른 이름 : 리트로 절굿대, 러시아 공꽃

절굿대속(Echinops)에는 우리나라 자생종인 절굿대(*Echinops setifer*) 등 많은 종이 있는데, 보통 절화 시장에서 '에키놉스'라는 이름으로 흔히 유통되는 것은 'blue ball'이라는 애칭으로도 불리는 '리트로 절굿대(*Echinops ritro*)'이다. 꽃봉오리일 때는 은색 공 모양의 뾰족한 가시 상태에 있다가 작은 꽃이 밀집하여 피어 나가면서 색이 변한다. 절화로 사용할 경우에는 꽃과 잎에 가시가 있으므로 다룰 때 주의한다. 건조화로도 사용한다.

학명	*Echinops ritro* L.
과명	국화과 Compositae
속명	절굿대속 Echinops
영명	Echinops, Small globe thistle, Thistle small globe
형태 분류	매스
꽃색	✽ 보라
시중에 유통되는 시기	1 2 3 4 5 6 7 8 9 10 11 12

✽ 꽃말 : 동심

오니소갈룸

다른 이름 : 오르니토갈룸, 오니소갈럼, 베들레헴의 별

남아프리카 원산의 구근 식물로 약 100여 종의 품종이 있으며 품종에 따라 꽃이 달리는 법도 다르다. 절화 시장에서 흔히 볼 수 있는 것은 별 모양의 작은 꽃들이 긴 줄기 끝에 둥글게 모여 피는 'Ornithogalum saundersiae'이다. 그 외에 화서의 끝이 길쭉한 'Ornithogalum thyrsoides'과 'Ornithogalum arabicum'등이 유통된다. 꽃이 오래가는 편이고, 청초한 느낌을 주는 순백색 꽃은 웨딩용으로도 많이 이용한다. 화분, 화단용으로도 사용한다.

학명	*Ornithogalum* spp.
과명	백합과 Liliaceae
속명	오니소갈룸속 Ornithogalu
영명	Chincherinchee, Wonder flower, Star of bethlehem
형태 분류	라인, 폼
꽃색	✽ ✾ ✽ ✾ 주황, 노랑, 하양, 믹스
시중에 유통되는 시기	1 2 3 4 5 6 7 8 9 10 11 12

✾ 꽃말 : 순수, 일편단심

왁스플라워

다른 이름 : 솔매, 웅시나튬카멜라우키움

오스트레일리아에서 자생하는 상록수로 여러 갈래로 갈라진 가는 가지에 작은 꽃들이 많이 달린다. 마치 밀랍(wax=蠟)을 세공한 듯한 독특한 광택과 질감이 나는 꽃 때문에 왁스플라워라는 이름이 붙었다. 잎이 솔잎을, 꽃이 매화를 닮았다 하여 '솔매'라는 이름으로도 불린다. 절화 후에도 꽃이 오래가고, 흰색과 분홍색의 작고 고급스러운 꽃 때문에 신부 부케 소재로 많이 쓰인다. 꽃잎은 압화 소재로도 사용한다.

학명	*Chamelaucium uncinatum* Schauer
과명	도금양과 Myrtaceae
속명	카멜라우키움속 Chamelaucium
영명	Geraldton waxflower, Waxflower
형태 분류	필러
꽃색	빨강, 분홍, 노랑, 하양, 보라, 믹스
시중에 유통되는 시기	1 2 3 4 5 6 7 8 9 10 11 12

꽃말 : 변덕쟁이

용담

다른 이름 : 용담초, 과남풀

굵은 가지에 종 모양의 꽃과 피침 모양의 잎이 위를 향해 가지런히 달리는 여러해살이 초화이다. 한방에서 약용으로 사용하는 뿌리가 용의 쓸개처럼 쓰다 하여 용담(龍膽)이라는 이름으로 불린다. 절화로는 진한 파란색과 연보라색 꽃이 피는 종이 많이 유통되며, 최근엔 가지가 얇고 파스텔 빛깔의 꽃이 피는 품종도 나오고 있다. 대표적인 가을꽃이나 여름에 꽃봉오리 상태로 즐기기도 하며, 원예 및 조경용으로도 많이 애용된다.

학명	*Gentiana* spp.
과명	용담과 Gentianaceae
속명	용담속 Gentiana
영명	Gentian
형태 분류	라인, 매스
꽃색	✿ ✤ ✿ ✿ ✿ 분홍, 하양, 보라, 파랑, 믹스
시중에 유통되는 시기	1 2 3 4 5 6 7 8 9 10 11 12

✿ 꽃말 : 슬픈 그대가 좋아, 애수, 당신이 슬플 때 나는 사랑한다.

유채

다른 이름 : 운대, 평지

십 자화과의 두해살이 초화로 3~4월에 밝고 따뜻한 빛깔의 노란색 꽃이 굵은 가지 끝에 총상 화서로 달린다. 쓰임이 많은 식물로 어린 순은 식용하고 종자는 기름을 짜기도 하며, 품종에 따라 절화용으로도 이용한다. 절화 후에는 물 관리에 주의해야 하며, 시간이 지나면 꽃들이 잘 떨어지기 때문에 디자인 용도에 따라 취급에 주의한다. 잎의 녹색이 선명하고 꽃봉오리 상태인 것을 구매해야 오래 감상할 수 있다.

절
화

학명	*Brassica napus* L.
과명	십자화과 Cruciferae
속명	배추속 Brassica
영명	Rape flower, Field mustard
형태 분류	라인, 필러
꽃색	✿ 노랑
시중에 유통되는 시기	1 2 3 4 5 6 7 8 9 10 11 12

✿ 꽃말 : 명랑, 기분 전환, 쾌활

율두스

다른 이름 : 율두스 장미, 월계화, 사계화

장미의 교배종으로 영어 이름 'Yulduz'는 우즈베키스탄의 '별'을 뜻하기도 한다. 장미는 사람들에게 최고의 사랑을 받는 만큼 끊임없는 교합과 연구를 통해 수많은 종류가 새로운 품종으로 나오고 있다. 화훼 장식용으로 사용할 때는 물올림에 주의해야 한다. 줄기 전체에 가시가 박혀 있으며, 줄기는 대각선 방향으로 절단하고, 물에 잠기는 부분은 잎을 깨끗이 제거한다. 물을 자주 갈아 주고 줄기도 자주 절단해 주는 것이 좋다. 화훼 장식을 할 때는 주로 라인, 폼, 매스 소재로 사용한다.

학명	*Rosa hybrids*
과명	장미과 Rosaceae
속명	장미속 Rosa
영명	Yulduz
형태 분류	라인, 폼, 매스
꽃색	✻ 노랑
시중에 유통되는 시기	1　2　3　4　5　6　7　8　9　10　11　12

✻ 꽃말 : 우정, 질투, 부정, 시기

익시아

다른 이름 : 익시어, 아익시아, 아익시어

붓꽃과의 여러해살이풀로 남아프리카가 원산지이다. 구근 식물이며, 여러 종을 교배한 교배종으로 알뿌리는 지름 약 2cm로서 보통 가을에 심어 월동한다. 꽃은 4~5월에 피며 가느다란 꽃줄기에 6~8개의 수상 꽃차례가 달린다. 주로 관상용이나 화훼 장식용으로 사용되는데, 밤이나 흐린 날에는 꽃잎이 오므라든다. 화훼 장식용으로는 작품의 선을 세워 주는 라인이나 꽃과 꽃 사이의 답답함을 해소해 주는 필러로 사용된다.

학명	*Ixia maculata*				
과명	붓꽃과 Iridaceae				
속명	강냉이붓꽃속 Ixia				
영명	African corn lily				
형태 분류	라인, 필러				
꽃색	✽ ✽ ✽ ✽ 하양, 노랑, 분홍, 빨강				
시중에 유통되는 시기	1 2 3 **4** **5** **6** 7 8 9 10 11 12				

✽ 꽃말 : 기약없는 사랑

잎안개

다른 이름 : 자금성, 세시화, 열매안개

안개꽃과 비슷한 형상을 한 여러해살이 초화로 얇고 가는 줄기에 분홍색 계열과 주홍색 계열의 작은 꽃들이 무수히 달리고, 꽃이 지고 나면 붉은 열매가 맺힌다. 난대 지방에서는 6~11월까지 꽃이 피고, 열대 지방에서는 연중 꽃이 핀다. 국내에서는 잎안개, 자금성 등의 이름으로 유통되며, 3시에 꽃이 핀다고 하여 세시화라고도 부른다. 절화용 꽃꽂이 소재나 분화용으로 사용한다.

학명	*Talinum paniculatum*
과명	탈리눔과 Talinaceae
속명	탈리눔속 Talinum
영명	Jewels of opar, Fameflower
형태 분류	필러
꽃색	✽ ✽ 분홍, 주황
시중에 유통되는 시기	1 2 3 4 5 6 7 8 9 10 11 12

✽ 꽃말 : 기쁨의 순간

작약

다른 이름 : 함박초, 함박꽃

작약과의 여러해살이풀을 총칭하는 말로 많은 품종이 있는데, 그 중에서도 특히 '*Paeonia lactiflora*'에 속하는 것을 작약이라고 한다. 봄에 원줄기 끝에서 한 개씩 꽃이 피는데, 꽃이 크고 화려하며 아름다워 관상용 정원화나 부케용 등 절화로도 많이 사용한다. 품종에 따라 겹꽃이나 홑꽃 등 꽃의 형태나 꽃 색이 다양하다. 같은 작약과로 낙엽 활엽 관목인 모란(*Paeonia suffruticosa*)과 꽃이 유사하게 생겼으므로 구별에 주의한다.

학명	*Paeonia lactiflora* spp.
과명	작약과 Paeoniaceae
속명	작약속 Paeonia
영명	Chinese peony, Common garden peony
형태 분류	폼
꽃색	✼ ✼ ✼ ✾ ✼ ✼ 빨강, 분홍, 노랑, 하양, 보라, 믹스
시중에 유통되는 시기	1 2 3 4 5 6 7 8 9 10 11 12

✿ 꽃말 : 수줍음, 부끄러움, 수치

장미

다른 이름 : 장미화, 장미꽃

장미는 꽃의 여왕이자 꽃의 대명사라 할 정도로 전 세계 사람들이 가장 선호하는 꽃이다. 다른 어떤 꽃들보다 품종 개량이 많이 되어 다양한 색과 형태를 가진 수많은 종이 존재하며, 현재도 계속 품종 개량이 이루어지고 있다. 낙엽성 관목인 장미는 주로 절화로 많이 이용하지만 화단용이나 분화로도 널리 이용된다. 미니 장미라고도 하는 스프레이 타입의 장미는 줄기 하나에 여러 개의 작은 꽃들이 달려 있어 필러 소재로도 많이 사용하며, 줄기가 가늘므로 물올림할 때 주의한다.

학명	*Rosa* spp.
과명	장미과 Rosaceae
속명	장미속 Rosa
영명	Rose
형태 분류	라인, 폼, 매스, 필러
꽃색	✺ ✺ ✺ ✺ ✺ ✺ ✺ ✺ ✺ 빨강, 분홍, 주황, 노랑, 하양, 보라, 초록, 갈색, 믹스
시중에 유통되는 시기	1 2 3 4 5 6 7 8 9 10 11 12

✺ 꽃말 : 빨강−열렬한 사랑　　　　　　　 / 분홍−감명, 사랑의 맹세, 행복한 사랑
　　　　주황−수줍음, 첫사랑의 고백 / 하양−순결함, 청순함, 결백, 비밀
　　　　노랑−우정, 질투, 시기, 부정 / 보라−영원한 사랑, 불완전한 사랑

   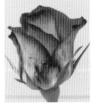

제비고깔

다른 이름 : 미니 델피니움, 벨라도라 델피니움

미나리아재빗과의 여러해살이풀로, 잎은 어긋나고 여러 개의 선 모양으로 갈라진다. 7~8월에 보라색 꽃이 총상 화서로 가지 끝에 피고 열매는 골돌과로 9월에 익는다. 관상용으로 재배하기도 하며 평안, 함경에 분포한다. 델피니움보다 작은 꿀주머니 모양의 꽃잎들이 맑고 시원한 청량감을 느끼게 한다.

학명	*Delphinium grandiflorum* L.
과명	미나리아재빗과 Ranunculaceae
속명	제비고깔속 Delphinium
영명	Belladonna delphinium
형태 분류	라인, 매스
꽃색	✿ ✿ ✿ 파랑, 하양, 분홍
시중에 유통되는 시기	1 2 3 4 5 6 7 8 9 10 11 12

✿ 꽃말 : 순진함, 배려

197

줄맨드라미

다른 이름 : 아마란서스, 아마란스, 줄비름

긴 줄기로 이루어진 맨드라미로 꽃이삭이 길게 아래로 늘어진 줄 형태와 늘어지지 않고 위로 뻗는 형태가 있는데, 흔히 줄맨드라미라고 하면 늘어진 형태의 것을 칭한다. 색상은 여러 가지가 있으며, 디자인을 할 때는 잎이 쉽게 시들기 때문에 제거한 후에 작품에 사용한다. 잉카 시대에 '신이 내신 곡물'이라 불리며 식용되었다고도 전해지듯 종자를 곡물로 사용할 수 있는 품종의 줄맨드라미도 있어 최근 슈퍼 곡물로 주목받고 있다.

학명	*Amaranthus caudatus* L.
과명	비름과 Amaranthaceae
속명	비름속 Amaranthus
영명	Amaranth, Love-lies-bleeding, Tassel flower
형태 분류	라인
꽃색	✿ ✿ ✿ ✿ 빨강, 주황, 초록, 갈색
시중에 유통되는 시기	1 2 3 4 5 6 7 8 9 10 11 12

✿ 꽃말 : 절망 그러나 비정하지 않은

천일홍

다른 이름 : 천일초, 곰프레나

여러 갈래로 나뉜 얇은 가지 끝에 열매처럼 생긴 동그란 잔꽃이 두상 화서로 피는 초화로 꽃이 늦여름에서 가을에 걸쳐 오랫동안 피기 때문에, 또는 꽃을 말려도 색이 바래지 않기 때문에 천일홍이라고 한다. 개화기가 길어 화단에 많이 쓰이고, 절화로 꽃다발 등 다양한 디자인에 이용하며, 색이 잘 바래지 않고 형태가 변하지 않아 건조화로도 애용된다.

학명	*Gomphrena* spp.
과명	비름과 Amaranthaceae
속명	천일홍속 Gomphrena
영명	Globe amaranth
형태 분류	필러
꽃색	✱ ✱ ✱ ✱ ✿ 빨강, 주황, 분홍, 보라, 하양
시중에 유통되는 시기	1 2 3 4 5 6 7 8 9 10 11 12

✿ 꽃말 : 변치 않는 사랑, 불변, 매혹

철쭉

다른 이름 : 개꽃나무, 산객, 척촉, 철쭉나무

진달랫과로 낙엽 활엽 관목이다. 철쭉은 진달래와 꽃 형태, 꽃색, 서식지 등이 비슷하여 구별하기 쉽지 않다. 진달래는 초봄인 3월에 꽃이 먼저 피고 잎이 나중에 나오는데, 철쭉은 늦봄인 4월부터 잎과 꽃이 함께 나오거나 잎이 먼저 나온다. 진달래의 다른 이름이 참꽃나무이고, 철쭉의 다른 이름이 개꽃나무인 것은 철쭉의 꽃잎이 끈적이고 꽃에서 나오는 독성 때문에 약용이나 식용으로 쓰지 못 하도록 붙여진 이름이다. 화훼 장식용으로는 작품의 중심을 잡는 라인 소재나 공간을 채워 주는 매스 소재로 많이 사용한다.

학명	*Rhododendron schlippenbachii* Maxim.
과명	진달랫과 Ericaceae
속명	진달래속 Rhododendron
영명	Royal azalea
형태 분류	라인, 매스
꽃색	✿ ✿ ✿ 분홍, 빨강, 하양
시중에 유통되는 시기	1　2　3　**4**　**5**　6　7　8　9　10　11　12

✿ 꽃말 : 사랑의 즐거움

층꽃나무

다른 이름 : 층꽃풀, 난향초

마편초과의 여러해살이풀로 여름에 작은 꽃들이 줄기를 둘러싸며 취산 화서로 층층이 모여 피므로 '층꽃나무'라는 이름으로 불린다. 아랫부분만 목질일 뿐 윗부분은 겨울에 말라 죽는 나무 같은 풀이기에 '층꽃풀'이라고도 한다. 여름부터 늦가을까지 개화 기간이 길어 관상식물로서 정원용, 분화용으로 많이 사용하며, 절화로도 사용한다. 시중에서는 층층이꽃이라고도 하는데 이는 층꽃나무와는 다른 식물이므로 명칭에 주의한다.

학명	*Caryopteris incana* Miq.
과명	마편초과 Verbenaceae
속명	층꽃나무속 Caryopteris
영명	Nursery spiraea
형태 분류	필러, 매스
꽃색	✼ ✺ ✼ 분홍, 하양, 보라
시중에 유통되는 시기	1 2 3 4 5 6 7 8 9 10 11 12

✿ 꽃말 : 허무한 삶, 가을 여인

카네이션

다른 이름 : 카네숀, 카네이숀

어버이날을 대표하는 꽃으로 전 세계적으로 사랑받는 카네이션은 석죽과의 여러해살이 초화로 한 줄기 끝에 꽃 한 송이가 피며, 프릴처럼 하늘하늘한 꽃잎이 사랑스러운 꽃이다. 장미, 국화 다음으로 품종 개량이 많이 이루어진 꽃으로 다양한 색과 형태의 수많은 종이 존재한다. 미니 카네이션이라고도 하는 스프레이 타입의 카네이션은 한 줄기에서 끝이 톱니 모양인 여러 송이의 작은 꽃이 피며, 필러 소재로 많이 이용한다.

학명	*Dianthus caryophyllus* spp.
과명	석죽과 Caryophyllaceae
속명	패랭이꽃속 Dianthus
영명	Carnation, Clove pink, Divine flower
형태 분류	매스, 필러
꽃색	빨강, 분홍, 주황, 노랑, 하양, 보라, 초록, 갈색, 믹스
시중에 유통되는 시기	1 2 3 4 5 6 7 8 9 10 11 12

꽃말 : 모정, 사랑, 감사, 존경 / 빨강–열렬한 사랑 / 분홍–부인의 애정
하양–순애, 나의 사랑은 살아 있습니다. / 노랑–경멸

칼라

다른 이름 : 물칼라, 카라

남아프리카 원산의 여러해살이풀로 꽃은 5~7월에 줄기 끝에서 육수 화서로 피는데 나팔처럼 보이는 독특한 형태를 한 꽃잎은 사실, 꽃을 싸는 포가 변형된 불염포이다. 꽃은 가운데 있는 심 모양의 노란색 부분이다. 품종 개량에 따라 흰색, 노란색, 분홍색, 검은색 등 다양한 색의 품종이 있으며, 독특한 형태와 곧게 뻗은 줄기가 청순하면서도 아름다워 많은 사랑을 받는 꽃으로 절화용, 화단용으로 다양하게 이용된다.

학명	*Zantedeschia* spp.
과명	천남성과 Araceae
속명	물칼라속 Zantedeschia
영명	Calla, Calla lily
형태 분류	라인, 폼
꽃색	✳ ✳ ✳ ✳ ✾ ✳ ✳ ✳ ✳ ✳ 빨강, 분홍, 주황, 노랑, 하양, 보라, 초록, 갈색, 검정, 믹스
시중에 유통되는 시기	1 2 3 4 5 6 7 8 9 10 11 12

꽃말 : 순결, 열정, 청정

칼랑코에

다른 이름 : 갈랑코에

돌나물과의 다육성 식물이다. 높이는 30~50cm이며, 겨울에서
봄에 걸쳐 붉은색 또는 노란색의 작은 꽃이 많이 모여 큰 꽃을 이루
어 핀다. 꽃꽂이나 분재용으로 많이 활용되고 있으며, 마다가스카르
섬이 원산지로, 남아프리카·열대 지방에 100여 종이 분포한다.

학명	*Kalanchoe blossfeldiana*
과명	돌나물과 Crassulaceae
속명	칼랑코에속 Kalanchoe
영명	Florist kalanchoe
형태 분류	필러, 매스
꽃색	✳ ✳ ✳ ✳ ✳ 노랑, 보라, 빨강, 분홍, 연두
시중에 유통되는 시기	1 2 3 4 5 6 7 8 9 10 11 12

✳ 꽃말 : 설렘

캄파눌라

다른 이름 : 메디움초롱꽃, 종꽃

라틴어로 '작은 종'을 의미하는 'Campanula'라는 이름을 가진 '초롱꽃과'에는 수천 종의 원예 품종이 존재하는데 흔히 '캄파눌라'라는 이름으로 절화 시장에 많이 유통되는 것은 메디움초롱꽃이라는 이름의 'Campanula medium'종이다. 범종처럼 생긴 귀여운 꽃들이 줄기를 따라 위를 향해 촘촘히 피는 두해살이 초화로 주로 절화로 많이 이용하는데, 줄기가 잘 부러지고, 물올림이 된다고 해도 쉽게 시들기 때문에 취급에 주의한다.

학명	*Campanula medium* L.
과명	초롱꽃과 Campanulaceae
속명	초롱꽃속 Campanula
영명	Campanula, Bellflower
형태 분류	매스
꽃색	✿ ✿ ✿ ✿ 분홍, 하양, 보라, 파랑
시중에 유통되는 시기	1 2 3 4 5 6 7 8 9 10 11 12

✿ 꽃말 : 변하지 않는 사랑, 만족, 감사, 따뜻한 사랑, 상냥한 사랑

캥거루발톱

다른 이름 : 캥거루포, 아니고잔서스

통 모양의 꽃 끝이 여섯 갈래로 갈라지는 형태가 마치 캥거루의 발을 닮았다 하여 캥거루발톱이라는 이름으로 불린다. 줄기와 꽃이 가는 털에 감싸여 벨벳 질감이 나는 것이 특징적이다. 오스트레일리아 남서부에서만 자생하여 전에는 수입에 의존해 왔으나 지금은 우리나라 농가에서도 재배되고 있으며, 교배종도 많아 다양한 색상이 있다. 물올림 후에는 비교적 수명이 오래가며, 꽃 형태가 독특한 만큼 작품에도 고급스러움을 더해 준다.

학명	*Anigozanthos* spp.
과명	지모과 Haemodoraceae
속명	캥거루발톱속 Anigozanthos
영명	Kangaroo-paw
형태 분류	매스, 필러
꽃색	✽ ✽ ✽ ✽ ✽ ✽ ✽ 빨강, 분홍, 주황, 노랑, 초록, 갈색, 믹스
시중에 유통되는 시기	1 2 3 4 5 6 7 8 9 10 11 12

✽ 꽃말 : 참신, 불가사의

케로네 리오니

다른 이름 : 거북머리, 오블리쿠아케로네, 자라송이풀

북아메리카가 원산지로 긴 타원형의 잎이 마주나며, 잎 끝이 뾰족하고 가장자리는 톱니모양이다. 꽃은 7~10월에 빨간색, 자주색, 분홍색, 흰색으로 핀다. 암술이 길게 밖으로 나오고 수술은 윗입술 꽃잎에 붙어 있다. 꽃이 피었을 때의 모양이 자라의 머리를 닮았다 하여 자라송이풀이라고 부르기도 한다.

학명	*Chelone obliqua* L.
과명	현삼과 Scrophulariaceae
속명	자라송이풀속 Chelone
영명	Turtlehead, Twisted shell flower
형태 분류	라인, 매스
꽃색	✿ ✿ ✿ ✤ 분홍, 자주, 빨강, 하양
시중에 유통되는 시기	1 2 3 4 5 6 7 8 9 10 11 12

✿ 꽃말 : 환영

쿠르쿠마

다른 이름 : 강황

동남아시아 원산의 구근 식물로 생강의 일종이다. 꽃잎처럼 보이는 것은 사실 포엽이고, 꽃은 포엽과 포엽 사이에 숨듯이 핀다. 분홍색이 일반적이지만 개량에 따라 색도 다양해지고 작은 품종도 개발되었다. 꽃대가 길게 자라고 포엽 색이 아름다우며 오래 감상할 수 있다. 절화나 분화로 이용하는데, 절화로는 열대 지방 분위기를 내는 디자인에 많이 이용된다. 분화로 키울 경우에는 고온은 잘 견디지만 비내한성 식물이므로 겨울철 관리에 주의한다.

학명	*Curcuma* spp.
과명	생강과 Zingiberaceae
속명	쿠르쿠마속 Curcuma
영명	Hidden lily, Queen lily
형태 분류	라인, 폼
꽃색	❋ ❋ ❋ ❋ ❋ ❋ 분홍, 하양, 보라, 초록, 갈색, 믹스
시중에 유통되는 시기	1 2 3 4 5 6 7 8 9 10 11 12

❋ 꽃말 : 매혹, 사랑의 고백

219

클레마티스

다른 이름 : 으아리, 큰꽃으아리

클레마티스는 으아리속의 총칭으로 개량에 따라 다채로운 색, 다양한 크기와 형태를 가진 여러 종이 존재하는데, 대개 원예 품종으로 개량된 것으로 꽃이 크고 색이 풍부한 종류를 통틀어 클레마티스라고 부른다. 덩굴성 여러해살이 초화로서 가는 줄기에 크고 화려한 꽃이 하나씩 피어 아름다우면서도 가련한 느낌을 주는 것이 일반적인 이미지다. 분화 식물로 많이 사용하고, 절화로 이용할 경우에는 꽃뿐만 아니라 덩굴성 줄기를 작품에 활용한다.

학명	*Clematis* spp.
과명	미나리아재빗과 Ranunculaceae
속명	으아리속 Clematis
영명	Leather flower, Vase vine, Virgin's bower
형태 분류	폼
꽃색	✳ ✳ ✳ ✳ ✳ ✳ 빨강, 분홍, 하양, 보라, 파랑, 믹스
시중에 유통되는 시기	1 2 3 4 5 6 7 8 9 10 11 12

✿ 꽃말 : 고결, 아름다운 마음, 당신의 마음은 진실로 아름답다.

튤립

다른 이름 : 양수선, 욱금향, 울금향, 울초, 창초

백합과 튤립속의 여러해살이풀로 원산지는 터키다. 봄꽃을 대표하는 알뿌리 식물로 4~5월에 하나의 알뿌리에서 하나의 꽃이 종 모양으로 핀다. 겨울에서부터 이른 봄에 걸쳐 유통되는 꽃으로 꽃의 형태, 꽃 색, 크기 등 품종에 따라 그 종류가 다양하며, 매년 새로운 품종이 등장할 정도로 품종 개량이 활발하게 이루어지는 꽃이기도 하다. 화단용으로 많이 심으며, 꽃꽂이용 절화로도 애용된다.

학명	*Tulipa* spp.
과명	백합과 Liliaceae
속명	튤립속 Tulipa
영명	Tulip
형태 분류	라인, 폼, 매스
꽃색	✿ ✿ ✿ ✿ ✿ ✿ ✿ ✿ ✿ ✿ 빨강, 분홍, 주황, 노랑, 하양, 보라, 초록, 갈색, 검정, 믹스
시중에 유통되는 시기	1 2 3 4 5 6 7 8 9 10 11 12

🌸 꽃말 : 사랑의 고백, 매혹, 영원한 애정, 경솔, 자애, 명성, 명예

트라첼리움

다른 이름 : 석무초, 트라켈리움

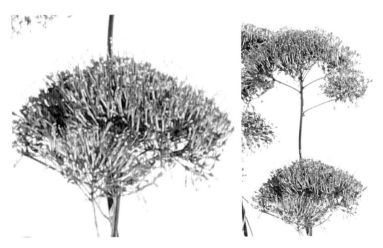

남유럽이나 북아프리카 등 지중해 연안에 분포하는 여러해살이 풀이다. 화분이나 화단 외에 모아심기나 꽃꽂이용으로 사용된다. 줄기가 길게 뻗어 그 끝에 2mm 정도의 조그마한 꽃들이 모여 커다란 덩어리를 이룬다. 둥글게 뭉친 꽃들의 집합체는 봉긋하게 부풀어 미묘한 분위기를 풍기는데 만개하면 상당히 커진다.

학명	*Trachelium caeruleum*
과명	초롱꽃과 Campanulaceae
속명	트라첼리움속 Trachelium
영명	Trachelium, Throatwort
형태 분류	매스, 필러
꽃색	✽ ✽ ✤ 자주, 초록, 하양
시중에 유통되는 시기	1 2 3 4 5 6 7 8 9 10 11 12

✤ 꽃말 : 덧없는 사랑

트리토마

다른 이름 : 니포피아

아프리카가 원산지로, 백합과의 여러해살이풀이다. 높이가 50~100cm 정도 자라고, 뿌리줄기는 짧고 굵으며 위로 올라갈수록 좁아지며 끝이 뾰족하다. 꽃은 5~10월에 피는데, 꽃줄기 윗부분에 많은 꽃이 수상꽃차례로 달린다. 주홍색 꽃이 피면서 노란색 꽃으로 변한다. 꽃의 형태가 특이하고 아름다워 관상용으로 재배되어 화재로 사용되고 있다.

학명	*Kniphofia uvaria*
과명	백합과 Liliaceae
속명	니포피아속 Kniphofia
영명	Tritoma, Red hot poket
형태 분류	라인, 폼, 매스
꽃색	노랑, 주홍
시중에 유통되는 시기	1 2 3 4 5 6 7 8 9 10 11 12

꽃말 : 당신 생각이 절실하다. 당신을 사랑하는 마음

트위디아

다른 이름 : 블루스타, 옥시페탈룸, 옥시펜타늄, 옥시

푸른빛을 띠는 다섯 장의 꽃잎이 마치 별 모양처럼 보여 '블루
스타'라는 이름으로 불리는 사랑스러운 꽃으로 꽃 색에 따라 '핑크
스타'또는 '화이트스타'등으로 불린다. 절화 시장에서는 다른 이름인
'*Oxypetalum coeruleum*'에서 '옥시페탈룸'또는 '옥시'라는 이름으로
도 유통된다. 줄기와 잎에 솜털이 나 있고, 절단면에서 끈적이는 하
얀 유액이 나오므로 다룰 때 주의한다. 꽃이 피어 있는 기간은 비교
적 길지만 물올림이 좋지 않아 잎이 빨리 시든다.

학명	*Tweedia coerulea*
과명	박주가릿과 Asclepiadaceae
속명	트위디아속 Tweedia
영명	Tweedia, Blue star, Oxypetalum
형태 분류	필러, 매스
꽃색	✿ ✿ ✿ 분홍, 하양, 파랑
시중에 유통되는 시기	1 2 3 4 5 6 7 8 9 10 11 12

✿ 꽃말 : 상냥함, 사랑의 방문, 날카로움

티젤

다른 이름 : 풀로눔산토끼꽃, 도깨비산토끼꽃

산토끼꽃속의 내한성 두해살이풀로 원산지는 유럽이며, 꽃을 포함해 2m까지 자란다. 곧추선 줄기에는 전체적으로 작은 가시들이 박혀 있고, 여름에 줄기 끝에서 연보랏빛 꽃이 긴 타원형의 두상 화서로 달린다. 관상용이나 꽃꽂이 재료로 사용하며, 절화 후에도 오래 가고 건조된 상태로도 형태가 크게 변하지 않아 드라이 소재로도 사용한다. 시중에서는 형태가 쥐를 닮았다 하여 '지세리' 또는 '쥐세리'라고도 불린다.

학명	*Dipsacus fullonum* L.
과명	산토끼꽃과 Dipsacaceae
속명	산토끼꽃속 Dipsacus
영명	Teasel, Common teasel, Wild teasel, Fuller's teasel
형태 분류	라인, 매스
꽃색	✽ 보라
시중에 유통되는 시기	1 2 3 4 5 6 7 8 9 10 11 12

✽ 꽃말 : 목마름, 갈증

231

팔레놉시스

다른 이름 : 호접란, 팔레높시스

팔레놉시스속(Phalaenopsis)에 속하는 식물을 총칭한다. 속명의 어원은 그리스어 'phalaina(나방)'와 'opsis(~와 유사한)'의 합성어로 나비와 비슷하게 생긴 꽃의 형태에서 유래하며, 호접란 역시 넓은 꽃잎이 나비를 닮았다 하여 붙여진 이름이다. 호를 그리듯 늘어진 꽃자루에 수십 송이 내외의 존재감과 기품 있는 꽃이 무리지어 피며, 품종에 따라 꽃 색, 꽃의 크기, 꽃잎의 두께 등이 다양하다. 선물용 분화로 많이 애용되며, 절화로도 사용한다.

학명	*Phalaenopsis* spp.
과명	난초과 Orchidaceae
속명	팔레놉시스속 Phalaenopsis
영명	Phalaenopsis, Moth orchid
형태 분류	라인, 매스
꽃색	분홍, 노랑, 하양, 보라, 초록, 믹스
시중에 유통되는 시기	1 2 3 4 5 6 7 8 9 10 11 12

꽃말 : 애정의 표시, 당신을 사랑합니다, 행복이 날아온다.

펜스테몬

다른 이름 : 펜스테몬 다기탈리스

상록의 여러해살이 식물로 겨울에도 붉은색의 잎을 유지한다. 길이가 1m 정도 자라며 꽃은 줄기의 끝에 원추형 또는 수상으로 붙고 꽃 색은 적색, 황색, 복숭아색, 청색 등 다채로우며 복합색도 많다. 이 속의 식물은 교배종으로 전 세계에 약 250종이 있으며 북아메리카 서부에 많이 분포되어 있다. 우리나라에는 여러 종류가 수입되어 서식하고 있으며, 5~9월에 나팔모양의 꽃이 피고 5개의 꽃잎을 가지고 있다.

학명	*Penstemon* spp.
과명	현삼과 Scrophulariaceae
속명	펜스테몬속 Penstemon glaber pursh
영명	Penstemon
형태 분류	매스, 필러
꽃색	✻ ✻ ✻ 홍백색, 자홍, 파랑
시중에 유통되는 시기	1 2 3 4 5 6 7 8 9 10 11 12

✻ 꽃말 : 은혜, 감사해요.

풀또기

다른 이름 : 홍옥매, 홍매

장미과의 낙엽 활엽 관목으로 높이는 3미터 정도이며, 잎은 거꾸로 된 달걀 모양인데 톱니가 있다. 봄에 담홍색 꽃이 잎겨드랑이에 피고 열매는 핵과(核果)로 가을에 붉게 익는다. 산기슭 양지에서 자라는데 한국의 회령·무산 및 중국 등지에 분포한다. 화훼 장식용으로 중심을 잡아 주는 라인 소재로 사용된다.

학명	*Prunus triloba* var. *truncata*
과명	장미과 Rosaceae
속명	벚나무속 Prunus
영명	Flowering plum, Flowering almond
형태 분류	라인
꽃색	✽ ✻ ✾ ❀ 담홍색, 빨강, 분홍, 하양
시중에 유통되는 시기	1 2 3 **4** **5** 6 7 8 9 10 11 12

❀ 꽃말 : 고결, 결백, 정조, 충실

풀협죽도

다른 이름 : 숙근플록스, 풀유엽도

북아메리카 원산의 여러해살이풀로 교배, 개량에 따라 많은 원예종이 존재한다. 여름에 줄기 끝에서 분홍색, 붉은색, 흰색 등의 작은 꽃이 원추 화서로 모여 핀다. 협죽도 같은 꽃이 피는 풀이라는 뜻에서 풀협죽도 또는 풀협죽초라는 이름으로 불린다. 지면패랭이꽃과 풀협죽도를 통틀어 플록스(Phlox)라고 부르는데, 이는 그리스어로 '불꽃'을 의미하는 'phlogos'에서 유래하였다. 화단에서 많이 볼 수 있는 꽃으로 분화용, 절화용으로도 이용한다.

학명	*Phlox paniculata* spp.
과명	꽃고빗과 Polemoniaceae
속명	풀협죽도속 Phlox
영명	Fall phlox, Garden phlox, Perennial phlox
형태 분류	폼, 매스
꽃색	✽ ✽ ✽ ✿ ✽ 빨강, 분홍, 보라, 하양, 믹스

시중에 유통되는 시기	1	2	3	4	5	6
	7	8	9	10	11	12

✿ 꽃말 : 주의, 방심은 금물, 내 가슴은 정열에 불타고 있습니다.

프로테아

다른 이름 : 용왕꽃

남아프리카를 중심으로 100여 종이 분포하는 상록관목으로 5~6월에 줄기 끝에서 화려하고 개성적인 두상화가 핀다. 다양한 종류가 있는데 일반적으로 '프로테아'라는 이름으로 부르는 '콤팍타프로테아(Protea compacta)'와 '킹프로테아'라고 알려진 '키나로이데스프로테아(Protea cynaroides)'가 대표적이다. 우리나라에서 보기 힘든 수입 절화이며, 독특한 형태와 색이 아름다워 절화용과 더불어 건조화로도 많이 이용한다.

학명	*Protea* spp.
과명	프로테아과 Proteaceae
속명	프로테아속 Protea
영명	Protea, King protea, Giant protea
형태 분류	폼
꽃색	✿ ✿ ✿ ✿ ✿ ✿ 빨강, 분홍, 주황, 노랑, 하양, 믹스
시중에 유통되는 시기	1 2 3 4 5 6 7 8 9 10 11 12

✿ 꽃말 : 고운 마음

프리지어

다른 이름 : 프리지아, 레프락타프리지아, 향설란

남아프리카공화국 원산의 비내한성 추식 구근 식물로 5~7월에 얇고 긴 꽃줄기 끝에서 깔때기 모양의 섬세한 꽃이 원추 화서로 핀다. 구근은 원추형으로 몇 개의 마디를 지닌 알줄기에 속한다. 꽃이 예쁘고, 색도 다양하며, 꽃향기가 좋아 꽃꽂이용이나 분재용으로 많은 사람들로부터 사랑받는 꽃으로 특히 겨울에서 봄에 졸업식이나 입학식에 많이 유통된다.

학명	*Freesia refracta* (Jacq.) Klatt
과명	붓꽃과 Iridaceae
속명	프리지아속 Freesia
영명	Freesia, Common freesia
형태 분류	필러, 매스
꽃색	✿ ✿ ✿ ✿ ✿ ✿ ✿ 빨강, 분홍, 주황, 노랑, 하양, 보라, 믹스
시중에 유통되는 시기	1 2 3 4 5 6 7 8 9 10 11 12

✿ 꽃말 : 순결, 순진한 마음, 깨끗한 향기, 천진난만, 자기 자랑

핀쿠션

다른 이름 : 레플렉슘레우코스페르뭄, 핀쿠션 프로테아

남아프리카 원산의 열대 식물로 바늘꽂이에 바늘이 무수히 꽂혀 있는 듯한 화려한 형상에서 핀쿠션이라는 이름으로 불린다. 한 송이 커다란 꽃처럼 보이지만 사실 꽃잎처럼 보이는 기다란 바늘 부분은 꽃의 수술이다. 레우코스페르뭄속을 총칭하여 핀쿠션이라고 부르지만 보통 유통되는 것은 레플렉숨레우코스페르뭄이라는 품종이다. 꽃 송이가 단단하고 줄기와 잎도 두꺼워 절화한 후에도 수명이 길고 오래간다. 말린 후에도 사용할 수 있다.

학명	*Leucospermum reflexum* H. Buda ex Meisn.
과명	프로테아과 Proteaceae
속명	레우코스페르뭄속 Leucospermum
영명	Pincushion, Pincushion rocket
형태 분류	라인, 폼
꽃색	✿ ✿ ✿ ✿ 빨강, 분홍, 주황, 노랑
시중에 유통되는 시기	1 2 3 4 5 6 7 8 9 10 11 12

✿ 꽃말 : 고운 마음

해바라기

다른 이름 : 규곽, 규화, 향일화, 조일화, 산자연

国화과의 한해살이풀로 중앙아메리카가 원산지이다. 꽃은 여름철에 줄기 끝이나 가지 끝에서 두상 화서를 이루며 한 개씩 달린다. 보통 해바라기라고 하면 강렬한 노란색의 큰 꽃을 떠올리기 쉬운데, 최근에는 품종에 따라 홑꽃으로 된 것 외에 겹꽃으로 된 것도 있으며, 꽃 크기와 꽃 색도 다양하다. 관상용 정원화로 많이 심으며, 절화로도 이용한다. 절화로 사용 시, 꽃잎을 따고 나머지 부분만 이용하여 독특한 느낌을 주기도 한다.

학명	*Helianthus annuus* L.
과명	국화과 Compositae
속명	해바라기속 Helianthus
영명	Sunflower, Common sunflower, Mirasol
형태 분류	라인, 폼
꽃색	✸ ✸ ✳ ✸ ✸ 빨강, 주황, 노랑, 갈색, 믹스
시중에 유통되는 시기	1 2 3 4 5 6 7 8 9 10 11 12

✿ 꽃말 : 숭배, 기다림, 애모, 의지, 동경, 당신만을 바라봅니다.

협죽도

다른 이름 : 유도화, 유엽도, 류선화

협 죽도과의 상록 활엽 관목으로 잎은 버드나무를, 꽃은 복숭아 꽃을 닮았다 하여 유도화(柳桃花)라고도 부른다. 7~8월에 가지 끝에서 취산 화서로 화려한 꽃이 핀다. 공기 정화 능력과 관상 가치가 있어 관상수로 많이 심었는데, 올레안드린(oleandrin)과 네리안틴(neriantin)이라는 치명적인 독을 가지고 있어 최근엔 뽑아내는 추세이다. 분화용이나 꽃꽂이용으로도 사용하지만 맹독성이므로 반드시 다룰 때 주의해야 한다.

학명	*Nerium oleander* L. (*Nerium indicum* Mill.)
과명	협죽도과 Apocynaceae
속명	협죽도속 Nerium
영명	Common oleander, Rosebay
형태 분류	매스, 라인
꽃색	❋ ✳ ❀ 빨강, 노랑, 하양
시중에 유통되는 시기	1 2 3 4 5 6 7 8 9 10 11 12

❀ 꽃말 : 주의, 위험

홍조팝

다른 이름 : 일본조팝나무

분홍색 꽃이 대표적이라 흔히 홍조팝이라 불리는 일본조팝나무는 장미과의 낙엽 관목으로 일본이 원산지이다. 다양한 원예 품종이 있으며, 6월에 새 가지 끝에서 화려하고 자잘한 꽃이 산방화서로 촘촘히 모여 피는데, 수술이 꽃잎보다 길어서 꽃을 더욱 풍성하게 보이도록 하는 것이 특징적이다. 꽃이 화려하고 추위에 강해 관상수로 많이 심으며, 절화로도 사용하는데 물올림 후에는 비교적 오래가는 편이다.

학명	*Spiraea japonica* spp.
과명	장미과 Rosaceae
속명	조팝나무속 Spiraea
영명	Japanese spiraea
형태 분류	매스, 필러
꽃색	✽ ✽ ✿ 빨강, 분홍, 하양
시중에 유통되는 시기	1 2 3 4 5 6 7 8 9 10 11 12

✿ 꽃말 : 노련

홍화

다른 이름 : 잇꽃, 홍람화

<big>국</big>화과의 한해살이풀(또는 두해살이풀)로 7~9월에 붉은빛을 띤 주황색이나 노란색 꽃이 줄기 끝과 가지 끝에서 작은 공 형태를 이루며 핀다. 홍화씨로는 기름을 짜고, 꽃은 립스틱 원료나 염료로도 사용한다. 보통 꽃이 시들어 가면서 붉은색으로 변하는데 최근에는 색이 변하지 않는 품종도 나온다. 물올림 후에도 비교적 수명이 길며, 시들어도 꽃 색이 변하지 않아 건조화로도 사용한다. 잎 가장자리에 톱니 모양의 가시가 있으므로 다룰 때 주의한다.

학명	*Carthamus tinctorius* L.
과명	국화과 Compositae
속명	잇꽃속 Carthamus
영명	Safflower, False saffron, Bastard saffron
형태 분류	매스, 필러
꽃색	✽ ✽ 주황, 노랑
시중에 유통되는 시기	1 2 3 4 5 6 7 8 9 10 11 12

✽ 꽃말 : 불변, 무심, 당신을 물들입니다.

253

히아신스

다른 이름 : 히야신스, 금수란, 복수선화

백합과의 여러해살이풀로 봄철 화단을 장식하는 대표적인 내한
성 추식 알뿌리 식물이다. 초여름에 꽃대를 중심으로 종 모양의 작고
화사한 꽃들이 아래에서 위로 올라가며 총상 화서로 모여 핀다. 꽃
색이 예쁘고 향기도 좋아 구근째 수경 재배로 많이 키우며, 분재화나
절화로도 많이 이용한다. 절화로 이용 시, 줄기가 약하고 진액이 나
오므로 다룰 때 주의한다.

학명	*Hyacinthus orientalis* spp.
과명	백합과 Liliaceae
속명	히아신스속 Hyacinthus
영명	Hyacinth, Dutch hyacinth, Common hyacinth, Garden hyacinth
형태 분류	매스, 폼
꽃색	✿ ✿ ✿ ✿ ✿ ✿ ✿ 빨강, 분홍, 주황, 노랑, 하양, 보라, 파랑
시중에 유통되는 시기	1 2 3 4 5 6 7 8 9 10 11 12

✿ 꽃말 : 순수, 일편단심

절지·절엽

가는잎조팝나무

다른 이름 : 틈벌구조팝나무, 능수조팝나무, 분설화, 설유화

종류가 매우 다양한 조팝나무속에 속하는 한 종으로, 일본명인 '유키야나기(雪柳)'의 영향 때문인지 절화 시장에서 '설유화'라는 이름으로 많이 유통되는 꽃나무이다. 장미과의 낙엽 활엽 관목으로 3~4월에 하얀색 작은 꽃들이 새 잎과 함께 달리며, 가늘고 긴 가지는 자라면서 끝이 점점 처지며 아름다운 선을 이룬다. 꽃과 가지의 조화가 멋들어지는 절지 소재로 화훼 장식용으로 널리 사용된다. 꽃이 많이 모여 피어 더 풍성한 느낌을 주는 조팝나무(*Spiraea prunifolia* f. *simpliciflora* Nakai)와 헷갈리는 경우가 많으므로 주의한다.

학명	*Spiraea thunbergii* Siebold ex Blume
과명	장미과 Rosaceae
속명	조팝나무속 Spiraea
영명	Thunberg spiraea
형태 분류	라인, 필러
꽃색	✽ ❀ 분홍, 하양
시중에 유통되는 시기	1 2 3 4 5 6 7 8 9 10 11 12

✽ 꽃말 : 애교, 명쾌한 승리

개나리

다른 이름 : 망춘, 연교, 신리화, 어사리

추위와 더위에 강한 낙엽 활엽 관목으로 한국 원산의 우리나라 특산종이다. 3~4월 이른 봄에, 잎이 나기 전에 밝고 선명한 노란색 꽃이 먼저 핀다. 산기슭 양지에서 많이 자라며, 흔히 정원화 등으로 울타리용으로 많이 심는다. 절화 시장에는 꽃 없이 잎만 있는 상태로 유통되는 경우도 있으나 꽃 관상 목적이 크기 때문에 꽃봉오리 상태로 유통되는 경우가 많다. 라인, 필러 소재로 많이 사용하며, 특히 동양 꽃꽂이에서는 1주지로 많이 사용한다.

학명	*Forsythia koreana* (Rehder) Nakai
과명	물푸레나뭇과 Oleaceae
속명	개나리속 Forsythia
영명	Gaenari, Korean forsythia, Korean golden-bell, Korean goldenbell tree
형태 분류	라인, 필러
꽃색	✿ 노랑
시중에 유통되는 시기	1 2 3 4 5 6 7 8 9 10 11 12

✿ 꽃말 : 희망, 기대, 깊은 정, 달성

갯버들

다른 이름 : 등류, 수양, 포류, 솜털버들

버드나뭇과의 낙엽 활엽 관목으로 산골짜기나 냇가, 강가 등 물가에서 뿌리 부근에 가지들이 많이 모여 난다. 암수딴그루라서 암꽃과 수꽃이 각각 다른 그루에 있으며, 이른 봄에 잎보다 먼저 꽃이 미상 화서로 피는데, 수꽃은 어두운 자주색에서 붉은색으로 변하고, 암꽃은 회색으로 차분한 색을 띤다. 꽃이삭은 타원형으로 부드러운 솜털에 감싸여 있고, 길고 가늘게 자라는 가지는 잘 휘어지며 잘 갈라진다.

학명	*Salix gracilistyla* Miq.
과명	버드나뭇과 Salicaceae
속명	버드나무속 Salix
영명	Rose-gold pussy willow, Bigcatkin willow
형태 분류	라인, 매스
꽃이삭색	✿ ✿ 분홍, 은회색
시중에 유통되는 시기	1 2 3 4 5 6 7 8 9 10 11 12

✿ 꽃말 : 친절, 자유, 포근한 사랑

공조팝나무

다른 이름 : 깨잎조팝나무

장미과 조팝나무속에는 매우 많은 종류가 있는데, 그 중 낙엽 관목으로 4월에 작고 흰 꽃들이 줄기 끝에서 우산 모양의 산형 화서로 뭉쳐 달려, 그 모습이 마치 공처럼 보이는 것을 '공조팝나무'라고 한다. 눈송이처럼 하얗게 모여 핀 꽃이 아름답고 향기가 좋아 정원용, 울타리용으로 많이 심으며, 탐스러운 꽃과 가지의 휘어짐이 멋스러워 화훼 장식 소재로도 널리 쓰인다. 절화 시장에서는 '고데마리(小手毬)'라는 일본 이름으로도 유통된다.

학명	*Spiraea cantoniensis* Lour.
과명	장미과 Rosaceae
속명	조팝나무속 Spiraea
영명	Reeves spiraea
형태 분류	라인, 매스
꽃색	✳ 하양
시중에 유통되는 시기	1 2 3 4 5 6 7 8 9 10 11 12

✳ 꽃말 : 노력하다.

광나무

다른 이름 : 서재목, 여정목

물푸레나뭇과의 상록 활엽 교목으로 6월에 깔때기 모양의 향기 좋은 하얀색 꽃이 복총상 화서로 달린다. 꽃이 지고 난 후에 쥐똥처럼 생긴 작고 둥근 열매들이 달리고, 11월경에 검게 익는다. 대부분 열매 관상용으로 유통되며, 익기 전이나 익은 후 모두 아름답게 볼 수 있다. 늘 잎이 푸르고 잘 떨어지지 않아서 여자의 굳은 정조에 비유하여 '여정목(女貞木)'이라는 이름이 붙었는데, 시중에서는 '애정목'이라는 잘못된 이름으로 불리기도 한다.

학명	*Ligustrum japonicum* Thunb.
과명	물푸레나뭇과 Oleaceae
속명	쥐똥나무속 Ligustrum
영명	Wax-leaf privet, Japanese privet
형태 분류	매스, 필러
꽃색	✽ 하양
시중에 유통되는 시기	1 2 3 4 5 6 7 8 9 10 11 12

✽ 꽃말 : 강인한 마음

꽃양배추

다른 이름 : 잎모란, 엽목단, 꽃배추, 모란채

흔히 식용하는 꽃양배추인 브로콜리나 콜리플라워와는 다른 관상용 꽃양배추로 색케일과 양배추 등으로 품종 개량하여 만든 원예종이다. 양배추처럼 여러 겹으로 겹쳐진 잎이 마치 모란꽃처럼 보인다 하여 '잎모란'이라는 이름으로 많이 불린다. 품종에 따라 잎이 둥근 것과 잎 가장자리가 오그라진 것이 있으며, 색도 백색계, 자홍색계 등으로 다양하다. 색과 형태가 아름다워 겨울철에 화단에 많이 심는 식물인데 최근엔 화훼 장식용으로도 많이 사용한다.

학명	*Brassica oleracea* var. acephala
과명	십자화과 Cruciferae
속명	배추속 Brassica
영명	Ornamental kale, Ornamental cabbage
형태 분류	폼
꽃색	❈ ✿ ❋ 하양, 분홍, 노랑
시중에 유통되는 시기	1 2 3 4 5 6 7 8 9 10 11 12

✿ 꽃말 : 축복, 이익

남천

다른 이름 : 남천죽, 남천촉, 남촉

매자나뭇과의 상록 관목으로 새의 깃 모양처럼 붙어 있는 여러 개의 작고 가는 잎들이 섬세한 인상을 준다. 하얀 꽃이 6~7월에 피고, 가을에 열매가 붉게 익어 감에 따라 잎도 붉은색으로 변한다. 정원수나 분화로도 많이 기르며, 보통 절화 시장에는 잎이 없는 상태로 유통되는데 열매가 달려 있는 경우도 종종 있다. 열매가 달려 있는 상태로 취급할 때는 잘 떨어지므로 주의한다. 붉은색 열매 외에 노란색이나 흰색 열매를 맺는 품종도 있다.

학명	*Nandina domestica* spp.
과명	매자나뭇과 Berberidaceae
속명	남천속 Nandina
영명	Nandina, Heavenly bamboo
형태 분류	라인
열매색	✽ ✽ ✽ 빨강, 노랑, 하양
시중에 유통되는 시기	1 2 3 4 5 6 7 8 9 10 11 12

✽ 꽃말 : 전화위복, 지속적인 사랑

너도밤나무

다른 이름 : 파구스, 비치

참나뭇과의 낙엽 활엽 교목으로 유럽너도밤나무, 일본너도밤나무 등 많은 수종이 있는데, 우리나라 너도밤나무는 울릉도 특산종으로 6월에 꽃이 피고, 10월에 밤을 닮은 작은 열매가 익는다. 건조에 잘 견디고, 목재의 질이 좋아 가구재 등으로 사용한다. 절화 시장에는 잎을 감상하는 종류나 작은 열매를 감상하기 위한 종류가 많이 유통되는데, 열매가 있는 상태로 유통될 때는 대개 잎이 제거되는 경우가 많으며, 줄기는 라인 소재로 사용된다.

학명	*Fagus* spp.
과명	참나뭇과 Fagaceae
속명	너도밤나무속 Fagus
영명	Fagus, Beech
형태 분류	라인, 필러
열매색	❋ ❋ 빨강, 녹색
시중에 유통되는 시기	1 2 3 4 5 6 7 8 9 10 11 12

❋ 꽃말 : 행운, 번영, 창조

273

네프롤레피스

다른 이름 : 보스턴고사리

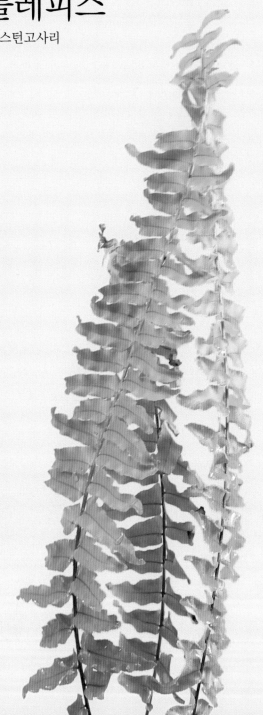

습도가 높은 숲이나 습지의 반양지에서 서식하는 여러해살이풀로, 잎은 뿌리에서 바로 자라 방사상으로 퍼지며 깃 형태로 늘어진다. 잎이 차분하고 아름다워 주로 벽걸이용이나 높은 화분에 심어 잎이 늘어지는 원예용으로 많이 재배한다. 공기 정화 식물로 겨울철 실내 습도 조절용으로 많이 애용되고 있으며, 화훼 장식용으로는 라인을 살릴 때 주로 사용한다.

학명	*Nephrolepis* spp.
과명	면마과 Dryropteridaceae
속명	네프롤레피스속 Nephrolepis
영명	Boston fern, Sword fern
형태 분류	라인, 필러
잎색	✳ 연녹색
시중에 유통되는 시기	1 2 3 4 5 6 7 8 9 10 11 12

꽃말 : 보호, 매혹

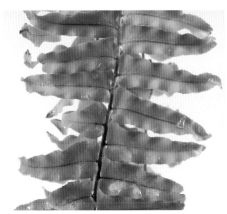

노랑말채나무

다른 이름 : 서양말채나무

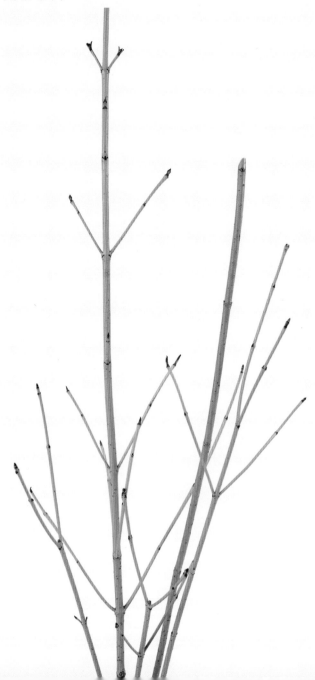

혼히 노랑말채나무와 흰말채나무를 통틀어 '말채나무'라고 부르는데, 사실 말채나무는 10m 정도로 크게 자라는 낙엽 관목으로 전혀 다른 식물이다. 여름에 하얀색 꽃이 취산 화서로 피고, 타원형 열매는 가을에 하얗게 익는다. 녹색이던 가지가 가을에서 겨울에 걸쳐 노란색으로 변하는 까닭에 노랑말채나무라고 불린다. 정원수로도 많이 심으며, 길고 곧은 줄기가 아름답고 잘 휘어져서 선을 표현하는 라인 소재로 화훼 장식에 많이 이용된다.

학명	*Cornus sericea* spp.
과명	층층나뭇과 Cornaceae
속명	층층나무속 Cornus
영명	American dogwood, Red osier dogwood
형태 분류	라인
줄기색	✿ ✽ 노랑, 녹색
시중에 유통되는 시기	1　2　3　4　5　6　7　8　9　10　11　12

✽ 꽃말 : 당신을 보호해 드리겠습니다.

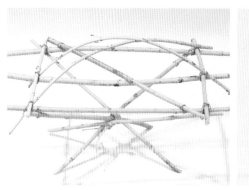
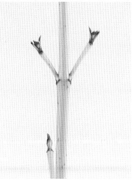

노박덩굴

다른 이름 : 노박따위나무, 노방패너울, 노랑꽃나무, 노방덩굴

노박덩굴과의 낙엽 활엽 덩굴성 식물로 5~6월에 가지 끝에서 노란색을 띤 연둣빛 꽃이 취산 화서로 핀다. 가을에 동그란 열매가 노란색으로 익는데, 다 익으면 열매 껍질이 세 갈래로 갈라지면서 안에 있는 주황색 씨가 엿보인다. 열매는 겨울에도 계속 가지에 붙어 있다. 붉은빛을 띠는 열매와 부드럽게 잘 구부러지는 줄기 선이 멋스럽고 계절감을 주며, 동양 꽃꽂이에서 선을 살리는 라인 소재로 많이 이용된다.

학명	*Celastrus orbiculatus* Thunb.
과명	노박덩굴과 Celastraceae
속명	노박덩굴속 Celastrus
영명	Celastrus, Oriental bittersweet
형태 분류	라인
열매색	✺ ❄ 노랑, 녹색
시중에 유통되는 시기	1 2 3 4 5 6 7 8 9 10 11 12

❄ 꽃말 : 진실, 명랑

279

다래나무

다른 이름 : 다래, 다래덩굴, 다래넝쿨

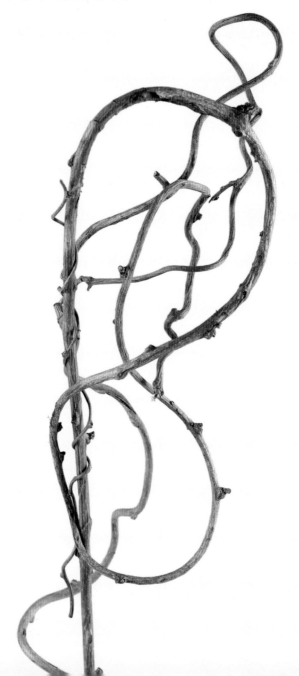

산지에서 자생하는 낙엽 활엽 덩굴나무로 초여름에 하얀색 꽃이 취산 화서로 피고, '다래'라고 불리는 동그란 열매는 가을에 황록색 으로 익는다. 절화 시장에는 구불구불한 덩굴 줄기가 잎이 제거된 상 태로 유통된다. 마른 느낌이 나는 줄기의 자연적인 곡선이 아름답고, 선의 움직임을 생생하게 나타낼 수 있는 소재여서 화훼 장식에서 디 자인의 선을 표현하기 위해 많이 이용한다.

학명	*Actinidia arguta* Planch.
과명	다랫과 Actinidiaceae
속명	다래나무속 Actinidia
영명	Hardy kiwi, Bower actinidia, Tara vine, Yang-tao
형태 분류	라인
줄기색	✿ 갈색
시중에 유통되는 시기	1 2 3 4 5 6 7 8 9 10 11 12

✿ 꽃말 : 깊은 사랑

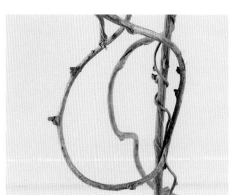
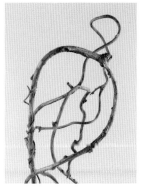

다정큼나무

다른 이름 : 둥근잎다정큼나무, 쪽나무, 차륜매

장미과의 상록 활엽 관목으로 바닷가 산록에서 자라며, '다정금'이라는 이름으로도 많이 불린다. 자랄수록 줄기 위로 가지가 뻗어 나가 반구형을 이루며, 4~6월에 하얀색 꽃이 가지 끝에서 원추 화서로 피고, 작고 둥근 열매는 가을에 검게 익는다. 꽃과 열매가 예뻐서 관상용으로 정원수로도 많이 심으며, 보통 절화 시장에는 잎만 있는 상태나 열매가 달린 상태로 유통된다.

학명	*Rhaphiolepis indica* var. umbellata
과명	장미과 Rosaceae
속명	다정큼나무속 Rhaphiolepis
영명	Yeddo hawthorn, Indian hawthorn
형태 분류	매스, 필러
열매색	❋ ❋ 녹색, 검정
시중에 유통되는 시기	1 2 3 4 5 6 7 8 9 10 11 12

꽃말 : 친밀

동백나무

다른 이름 : 동백, 산다, 똘동백나무, 해홍화, 카멜리아

차나뭇과의 상록 활엽 교목으로 품종에 따라 꽃과 잎의 형태, 색이 다양하다. 겨울에 꽃이 핀다 하여 동백(冬柏)이라 부르며, 바닷가에 피는 붉은 꽃이라 하여 해홍화(海紅花)라고도 한다. 겨울 끝 무렵에서 이른 봄에 크고 화려한 꽃이 가지 끝에 한 송이씩 아름답게 달리는데, 향이 없는 대신 꿀로 새를 유인하는 조매화이다. 광택 나는 짙은 녹색 잎은 사시사철 푸르다. 정원수 등 관상용으로 많이 심으며, 절화 소재로 꽃꽂이에도 많이 사용한다. 꽃잎이 상처 입기 쉽고, 꽃이 통째로 잘 떨어지므로 다룰 때 주의한다.

학명	*Camellia* spp.
과명	차나뭇과 Theaceae
속명	동백나무속 Camellia
영명	Camellia
형태 분류	라인, 매스
꽃색	✿ ✿ ✿ ✿ ✿ 빨강, 분홍, 노랑, 하양, 믹스
시중에 유통되는 시기	1 2 3 4 5 6 7 8 9 10 11 12

✿ 꽃말 : 매력, 신중, 허세 부리지 않음, 자랑, 누구보다도 당신을 사랑합니다.

드라세나

다른 이름 : 천년초

열대성 상록 초본으로 품종이 매우 다양하고, 대개 잎은 가죽 느낌이 나는 긴 피침형이나 넓은 타원형이다. 관상용, 공기 정화용으로 실내에서 많이 기르는 관엽 식물이며, 잎이 아름다워 화훼 장식용으로는 절엽 소재로 많이 사용한다. 흔히 '와네키'로 불리는, 녹색 바탕에 흰 줄무늬가 들어간 프라그란스 드라세나 '와르네케이' (*Dracaena fragrans* 'Warneckei')와 붉은색, 노란색, 녹색의 가는 줄무늬가 들어 있는 길고 가는 잎이 아름다운 콩키나 드라세나 '트라이컬러 레인보우'(*Dracaena concinna* 'Tricolor Rainbow')가 대표적이다.

학명	*Dracaena* spp.
과명	백합과 Liliaceae
속명	드라세나속 Dracaena
영명	Dracaena
형태 분류	폼, 매스
잎색	✿ ✿ ✿ ✿ 빨강, 녹색, 갈색, 믹스
시중에 유통되는 시기	1 2 3 4 5 6 7 8 9 10 11 12

✿ 꽃말 : 약속을 실행하다.

라티폴리움

다른 이름 : 라티폴리움카스만티움, 유니폴라, 보리사초

벼과의 여러해살이 초화로 가는 줄기 끝에 독특한 모양의 이삭들이 아래로 늘어지며 달린다. 예전 종명인 'Uniola latifolia'에서 '유니폴라'라는 이름으로 많이 불린다. 이삭이 보리를 닮아서 '보리사초'나 '납작보리풀', '서양보리풀'등의 이름으로도 불리지만 이는 정확한 이름은 아니고, 바른 국명은 '라티폴리움카스만티움'이다. 가을 소재로 많이 사용하는 기장속(panicum) 식물과 비슷하게 생겨 하늘하늘한 느낌을 주며, 건조용 소재로도 사용한다.

학명	*Chasmanthium latifolium* (Michx.) Yates
과명	벼과 Gramineae
속명	카스만티움속 Chasmanthium
영명	North america wild oats, Spangle grass, Seaoats
형태 분류	라인
잎색	녹색
시중에 유통되는 시기	1 2 3 4 5 6 7 8 9 10 11 12

꽃말 : 번영, 보편

레몬잎

다른 이름 : 시알론가울테리아, 레몬리프, 살랄

북아메리카 원산의 상록 관목으로 추위에 강해 정원화로 많이 심는다. 레몬과는 직접적인 관계가 없고, 타원형 잎이 레몬을 닮았다고 해서 절화 시장에서 '레몬잎(lemon leaf)'이라는 이름으로 유통된다. 물올림이 좋고, 넓고 큰 녹색 잎의 활용도가 높아서 꽃꽂이, 꽃바구니 등 화훼 장식용 재료로 많이 사용한다. 잎이 상처 입기 쉬우므로 다룰 때 주의한다.

학명	*Gaultheria shallon* Pursh
과명	진달랫과 Ericaceae
속명	가울테리아속 Gaultheria
영명	Salal, Shallon, Salal shallon
형태 분류	매스
잎색	✽ 녹색
시중에 유통되는 시기	1 2 3 4 5 6 7 8 9 10 11 12

✽ 꽃말 : 진심으로 사모함

레우카덴드론

다른 이름 : 루카덴드론, 류카덴드론, 레우가덴드론

남아프리카가 원산인 식물로 품종이 풍부하며, 색과 형태도 다양하다. 전체가 가죽 느낌이 나는 잎에 감싸인 듯 보이는데, 줄기 끝에서 꽃을 감싸고 있는 것은 포엽으로, 이것이 다양한 색으로 물들어 마치 꽃잎처럼 보인다. 사실 꽃은 잎과 포엽에 가려서 눈에 잘 띄지 않는다. 형태가 특이하고, 색이 아름다우며, 줄기와 잎이 단단해서 다루기 좋고 오래 가서 화훼 소재로 다양하게 사용된다. 드라이 소재로도 이용한다. 절화 시장에서 많이 볼 수 있는 것은 '사파리 선셋'(Leucadendron 'Safari Sunset')이며, '유카덴드론'은 잘못된 이름이다.

학명	*Leucadendron* spp.
과명	프로테아과 Proteaceae
속명	레우카덴드론속 Leucadendron
영명	Leucadendron, Silver tree
형태 분류	라인, 매스, 폼
꽃색	✿ ✿ ✿ ✿ ✿ 빨강, 노랑, 녹색, 갈색, 믹스
시중에 유통되는 시기	1 2 3 4 5 6 7 8 9 10 11 12

✿ 꽃말 : 새로운 만남, 배려

루모라고사리

다른 이름 : 레더펀

광택감 있는 짙은 녹색 잎은 조금 단단한 가죽 같은 질감이 나며, 전체적으로 삼각 모양을 이룬다. 흔히 '노무라고사리'라는 잘못된 이름으로 유통되는 경우가 많다. 잎이 가죽 같은 질감이라 Leather(가죽)+fern(양치식물)을 합쳐 '레더펀(Leather fern)'이라고도 불리는데, 이를 잘못 발음해서 '레자황'이라고 불리기도 한다. 꽃꽂이를 할 때는 공간을 채우거나 플로럴폼을 감추기 위해 자주 사용된다. 특히 잎 끝부분이 뜯겨 나가기 쉬우므로 주의한다.

학명	*Rumohra adiantiformis*
과명	면마과 Dryropteridaceae
속명	루모라속 Rumohra
영명	Leatherleaf fern, Leathery shieldfern, Iron fern
형태 분류	매스, 필러
잎색	❋ 녹색
시중에 유통되는 시기	1 2 3 4 5 6 7 8 9 10 11 12

❋ 꽃말 : 정조, 견고

루스쿠스

다른 이름 : 루스커스, 러스커스

백합과의 여러해살이풀로 잎처럼 보이는 것은 줄기가 변한 것이고, 그 위에 꽃이 피는 신기한 식물이다. 절화 시장에서는 보통 두 종을 찾아볼 수 있는데, '루스쿠스'라는 이름으로 유통되는 것은 대개 줄기가 탄탄하고, 광택 있는 잎도 단단해서 다루기 좋다. 다른 하나는 '이탈리안 루스쿠스'라고 불리는 것으로, 잎이 가늘고 야리야리한 느낌을 주며, 가을철에 열매가 달린 채 유통되기도 한다. 둘 다 오랫동안 푸른 잎을 감상할 수 있는 그린 소재이다.

학명	*Ruscus* spp.
과명	백합과 Liliaceae
속명	루스쿠스속 Ruscus
영명	Ruscus, Butcher's bloom
형태 분류	매스, 필러
잎색	✽ 녹색
시중에 유통되는 시기	1 2 3 4 5 6 7 8 9 10 11 12

✽ 꽃말 : 변함없는, 순결

마취목

다른 이름 : 피어리스

진달랫과의 상록 관목으로 잎에 독성분이 있어서 말이나 소가 먹으면 마비되기 때문에 '마취목'이라 불린다. 붉은빛을 띠는 크리스마스 치어(Pieris japonica 'Christmas Cheer')나 플라밍고(Pieris japonica 'Flamingo') 등 다양한 원예 품종이 있다. 가죽 질감의 광택이 나는 잎은 가늘고 길며, 3~5월에 항아리 모양의 작은 꽃들이 총상 화서로 달린다. 화훼 장식용으로는 잎과 가지 상태로도 쓰지만 꽃이 아름다워서 꽃이 피었을 때 더 많이 사용한다.

학명	*Pieris japonica* spp.
과명	진달랫과 Ericaceae
속명	피어리스속 Pieris
영명	Lily of the valley bush, Japanese andromeda
형태 분류	필러
꽃색	✿ ❀ 분홍, 하양
시중에 유통되는 시기	1 2 3 4 5 6 7 8 9 10 11 12

❀ 꽃말 : 당신과 함께 여행합시다, 희생

만첩홍매화

다른 이름 : 만첩홍매실, 겹홍매화

장미과의 낙엽 소교목으로 꽃은 3~4월에 잎보다 먼저 피고, 열매는 6~7월에 황록색으로 익는다. 본종인 매실나무(*Prunus mume* (Siebold) Siebold & Zucc.)와 달리 붉은빛을 띠는 꽃이 겹으로 피기 때문에 '만첩홍매실'이라고 한다. '홍매화'라고 많이 부르는데, 홍매 또는 홍옥매(*Prunus glandulosa* f. *sinensis* (Pers.) Koehne)는 비슷하게 생긴 다른 꽃나무이다. 긴 줄기에 무수히 붙어 나는 꽃이 화려하고 아름다워서 분재 또는 정원수로 많이 기르며, 화훼 장식용으로는 꽃이 달린 가지의 선을 살려서 라인 소재로 많이 사용한다.

학명	*Prunus mume* f. alphandi (Carr.) Rehder
과명	장미과 Rosaceae
속명	벚나무속 Prunus
영명	Prunustriloba
형태 분류	라인
꽃색	❋ 분홍
시중에 유통되는 시기	1 2 3 4 5 6 7 8 9 10 11 12

❋ 꽃말 : 고결, 미덕, 정절, 고귀, 결백

말냉이

다른 이름 : 말황새냉이, 고고채, 석명

십자화과의 두해살이 초화로 냉이보다 커서 동물 중에 큰 편인 말을 빗대어 '말냉이'라 부른다. 줄기는 곧고, 십자 모양의 하얀색 꽃이 5월에 총상 화서를 이루며 달린다. 열매는 가장자리에 날개가 있는 납작한 원반 모양으로 끝이 약간 파여 있다. 다닥냉이(*Lepidium apetalum* Willd.)와 비슷하게 생겼는데, 그보다 열매가 크다. 꽃대에 씨방이 붙어 있는 모양이 독특하고 아름다워 꽃꽂이 소재로 많이 사용한다. 드라이 소재로도 활용된다.

학명	*Thlaspi arvense* L.
과명	십자화과 Cruciferae
속명	말냉이속 Thlaspi
영명	Penny cress, Field penny cress, French weed, Fanw
형태 분류	필러
잎색	✽ 녹색
시중에 유통되는 시기	1 2 3 4 5 6 7 8 9 10 11 12

✾ 꽃말 : 당신에게 모든 것을 맡깁니다.

맥문아재비

다른 이름 : 왕맥문동, 호엽란

백합과의 여러해살이풀로 5~7월에 하얀색 꽃이 수상 화서로 피고, 열매는 파랗게 익는다. 짙은 녹색을 띠는 잎은 폭이 좁고 두꺼우며 광택이 나고, 선형으로 길게 휘어져 자란다. 흰색 줄무늬가 들어간 것도 있다. 쉽게 시들지 않으며, 줄기 끝부분부터 누렇게 변한다. 절화 시장에서는 '호엽란'이라는 이름으로 불리며, 절엽 소재로 화훼장식에 많이 사용되는데, 특히 작품을 마무리하는 단계에서 선의 부드러움을 표현하고자 할 때 쓴다.

학명	*Ophiopogon jaburan* spp.
과명	백합과 Liliaceae
속명	맥문아재비속 Ophiopogon
영명	Wild lilyturf
형태 분류	라인
잎색	✻ 녹색
시중에 유통되는 시기	1 2 3 4 5 6 7 8 9 10 11 12

✻ 꽃말 : 순종

목련

다른 이름 : 신이, 목필, 북향화, 매그놀리아

목련과의 목련, 자목련, 백목련 등을 통틀어 목련이라 하며, 우리나라와 중국을 비롯한 전 세계에 꽃의 형태와 색이 다른 많은 품종이 존재한다. 이른 봄에 크고 향기 있는 꽃이 잎보다 먼저 피고, 꽃이 연꽃(蓮)을 닮아서 목련(木蓮), 찬바람이 불어오는 북쪽을 향해 피기 때문에 북향화(北向花)라고도 한다. 우리가 흔히 목련이라 부르는 것은 대개 중국 원산의 백목련(*Magnolia denudata*)과 자목련(*Magnolia liliflora*)이며, 우리 자생종인 목련(*Magnolia kobus*)은 백목련보다 꽃이 작고, 꽃잎이 바깥쪽으로 활짝 젖혀진다. 공원이나 정원에 관상용으로 많이 심으며, 절화 시장에는 대개 꽃봉오리 상태로 꽃이 피기 전에 유통된다.

학명	*Magnolia* spp.
과명	목련과 Magnoliaceae
속명	목련속 Magnolia
영명	Mokryeon, Magnolia
형태 분류	라인, 폼
꽃색	✿ ✸ 하양, 자주
시중에 유통되는 시기	1 2 3 4 5 6 7 8 9 10 11 12

✿ 꽃말 : 목련 – 고귀함, 백목련 – 이루지 못할 사랑, 자목련 – 자연애

몬스테라

다른 이름 : 봉래초

천남성과의 여러해살이 열대성 덩굴 또는 반덩굴성 식물로 멕시코가 원산지이다. 부채처럼 크고 넓은 잎은 깃 모양으로 깊게 절개가 들어가 있어 개성적인 느낌을 준다. 생김새가 특이해서 그런지 속명인 Monstera도 '이상하다'라는 뜻의 라틴어 'monstrum'에서 유래하였다. 공기 정화 식물로 가정이나 사무실에서 많이 키우는 관엽 식물이며, 화훼 장식용으로 넓은 잎을 이용한다.

학명	*Monstera deliciosa* Liebm.
과명	천남성과 Araceae
속명	몬스테라속 Monstera
영명	Ceriman, Swiss cheese plant, Windowleaf
형태 분류	매스
잎색	✳ ✳ 녹색, 믹스
시중에 유통되는 시기	1 2 3 4 5 6 7 8 9 10 11 12

✳ 꽃말 : 괴기, 기괴

무늬둥굴레

다른 이름 : 반엽둥굴레, 명자란

잎 끝과 주변에 옅은 색 얼룩무늬나 줄무늬가 들어가 있는 여러 해살이 뿌리줄기 식물로 추위에 강하고 더위에 약하다. 활처럼 구부러지는 유연한 가지와 무늬가 들어간 잎이 아름다워 관상용으로 분화나 정원화로도 많이 심는다. 봄에 하얀색 꽃이 피지만 절화 시장에는 대부분 잎이 유통된다. 특히 일본에서는 잎에 연한 노란색 무늬가 들어 있는 품종을 명자백합(鳴子百合)이라고 하는데, 그 영향인지 우리나라에서는 '명자란'이라는 이름으로도 많이 불린다.

학명	*Polygonatum odoratum* var. *pluriflorum* f. *variegatum* Y.N.Lee
과명	백합과 Liliaceae
속명	둥굴레속 Polygonatum
영명	Variegate lesser solomon's seal
형태 분류	매스, 라인
잎색	✿ ✿ 녹색, 믹스
시중에 유통되는 시기	1 2 3 4 5 6 7 8 9 10 11 12

✿ 꽃말 : 고귀한 봉사

미국자리공

다른 이름 : 미국장녹, 장녹수

자리공과의 한해살이풀로 북아메리카가 원산지이다. 6~9월에 붉은빛이 도는 하얀색 꽃이 총상 화서로 피고, 광택이 나는 녹색 열매는 9~10월에 홍자색에서 흑자색으로 익는데, 포도송이 같은 모양으로 늘어진다. 줄기는 붉은빛이 강한 자주색을 띠며 속이 비어 있다. 자리공은 '장녹'이라고도 하기에 '장녹수'라는 이름으로 많이 불린다. 화훼 장식 시에는 아름다운 꽃과 열매를 흘러내리는 소재로 많이 이용한다. 익은 열매는 잘 터지므로 주의한다.

학명	*Phytolacca americana* L.
과명	자리공과 Phytolaccaceae
속명	자리공속 Phytolacca
영명	Poke-berry, Virginian poke, Scoke, Pocan, Garget, Pigeo
형태 분류	라인, 필러
열매색	✽ ✽ 녹색, 흑자색
시중에 유통되는 시기	1 2 3 4 5 6 7 8 9 10 11 12

✿ 꽃말 : 환희, 소녀의 꿈, 은밀한 사랑

배어그래스

다른 이름 : 테낙스제로필룸, 베어그라스

북아메리카가 원산지인 여러해살이 식물로, 군생하는 잎은 가늘고 길며 단단하지만 매우 유연하여 흐르듯 아름다운 곡선을 이루며 늘어진다. 선 모양이 아름답고, 수명이 길며, 어떤 소재와도 잘 어울려서 화훼 장식용으로 다양하게 활용되는데, 잎 가장자리가 날카로우므로 다룰 때 손가락을 베이지 않도록 주의한다. 드라이 소재로도 이용한다.

학명	*Xerophyllum tenax* (Pursh) Nutt.
과명	백합과 Liliaceae
속명	크세로필룸속 Xerophyllum
영명	Fire, Grass squaw, Elk grass, Bear grass, Indian basket grass, Squaw grass, Grass Bear
형태 분류	매스, 필러
잎색	✽ 녹색
시중에 유통되는 시기	1 2 3 4 5 6 7 8 9 10 11 12

✽ 꽃말 : 수줍음, 열정

백묘국

다른 이름 : 설국, 더스티 밀러

원예용으로 들어온 외래종으로, 지중해 연안이 원산지인 상록 여러해살이 초화이다. 펠트 같은 질감을 가진 잎과 가지가 벨벳 같은 하얀색 솜털로 덮여 있어서 전체적으로 은회색으로 보이며, 그 모습이 눈에 덮인 듯하다 하여 '설국(雪菊)'이라고도 불린다. 꽃은 6~9월에 노란색 또는 크림색으로 핀다. 화단 식물로도 심으며, 꽃보다 이색적인 색을 띠는 잎이 아름다워 화훼 장식에서는 절엽 소재로 사용한다. 잎이 물에 잠기면 검게 변하므로 주의한다.

학명	*Senecio cineraria* DC.
과명	국화과 Compositae
속명	금방망이속 Senecio
영명	Dusty-miller
형태 분류	필러
잎색	✽ 은회색
시중에 유통되는 시기	1 2 3 4 5 6 7 8 9 10 11 12

✽ 꽃말 : 행복의 확인, 온화, 당신을 지탱합니다.

벗나무

다른 이름 : 산앵, 화목

장미과의 산벚나무, 왕벚나무 등을 통틀어 벚나무라고 하며, 그 품종이 매우 다양하다. 봄을 상징하는 가장 대표적인 꽃나무로 초봄에 잎보다 먼저 엷은 붉은색이나 분홍빛 도는 하얀색 꽃이 핀다. 화사한 꽃이 아름다워 가로변이나 공원 등지에 관상용으로 많이 심으며, 분재용으로도 기른다. 꽃이 핀 가지를 잘라 꽃꽂이용으로 사용하는데, 물올림이 좋지 않으므로 끝부분에 칼집을 넣어 주는 것이 좋다.

학명	*Prunus* spp.
과명	장미과 Rosaceae
속명	벚나무속 Prunus
영명	Flowering cherry, Cherry blossoms
형태 분류	라인, 매스
꽃색	❋ ❋ ❋ 빨강, 분홍, 하양
시중에 유통되는 시기	1 2 3 4 5 6 7 8 9 10 11 12

❋ 꽃말 : 순결, 절세미인, 교양, 정신미

부들

다른 이름 : 포초, 향포, 소향포, 약(蒻), 갈포, 포채, 칠비(제주)

부들과의 여러해살이풀로 뿌리줄기는 높이가 1~1.5미터이며, 옆으로 뻗으면서 퍼지고 원기둥 모양이다. 잎은 가늘고 길다. 여름에 잎 사이에서 꽃줄기가 나와 노란 이삭 모양의 꽃이 육수 화서로 피는데 위쪽에 수꽃, 아래쪽에 암꽃이 달린다. 열매 이삭은 긴 타원형이며 붉은 갈색이다. 개울가나 연못가에서 저절로 나는데 유럽과 아시아의 온대와 난대, 지중해 연안에 분포한다.

학명	*Typha orientalis* Presl
과명	부들과 Typhaceae
속명	부들속 Typha
영명	Common cattail
형태 분류	라인
잎색	✿ ✿ 연두, 갈색
시중에 유통되는 시기	1 2 3 4 5 6 7 8 9 10 11 12

✿ 꽃말 : 거만

붉나무

다른 이름 : 굴나무, 오배자나무, 뿔나무, 불나무, 천금목

옻나뭇과의 낙엽 활엽 소교목으로, 산기슭과 골짜기에 나는데 한국, 일본, 중국, 인도 등지에 분포한다. 줄기는 높이가 7미터 정도이고 가지가 굵으며, 잎은 어긋나고 7~13개의 작은 잎으로 된 우상 복엽이다. 여름에 흰 꽃이 원추 화서로 피고 열매는 편구형으로 누런 갈색 털로 덮이고 10월에 익는다. 잎에 진디, 나무진디 따위가 기생하여 혹같이 돋는 것을 '오배자'라고 하고, 약재 · 염료 · 잉크 원료로 쓴다.

학명	*Rhus chinensis* L.
과명	옻나뭇과 Anacardiaceae
속명	붉나무속 Rhus
영명	Japanese sumac, Chinese gall
형태 분류	라인, 매스
잎색	❀ ❀ 연녹색, 빨강
시중에 유통되는 시기	1 2 3 4 5 6 7 8 9 10 11 12

❀ 꽃말 : 신앙

사스레피나무

다른 이름 : 무치러기나무, 세푸랑나무, 가새목

차나뭇과의 상록 활엽 관목으로 광택이 나는 긴 타원형의 두꺼운 잎은 가죽 같은 질감이 나고, 가장자리에 톱니가 있다. 3~4월에 노란색이나 자줏빛을 띠는 하얀색 꽃이 피는데, 특이하게도 닭똥 냄새 같은 악취가 난다. 열매는 10~12월에 자줏빛이 도는 검은색으로 익는다. 겨울에도 푸른 잎이 아름다워 정원수 등 관상용으로 심으며, 수명이 길어서 화환 등 화훼 장식용 소재로도 많이 이용한다. 절화 시장에서는 흔히 '청지목'이라는 이름으로 유통된다.

학명	*Eurya japonica* Thunb.
과명	차나뭇과 Theaceae
속명	사스레피나무속 Eurya
영명	East asian eurya, Japanese eurya
형태 분류	매스
꽃색	❄ 하양
시중에 유통되는 시기	1 2 3 4 5 6 7 8 9 10 11 12

❀ 꽃말 : 당신은 소중합니다. 당신을 사랑합니다.

사철나무

다른 이름 : 겨우살이나무, 동청목, 들축나무

노박덩굴과의 상록 관목으로 사시사철 잎이 푸르다 하여 사철나무라는 이름이 붙었으며, 원예 품종이 매우 다양하다. 가장 일반적인 녹색 잎의 청사철, 잎에 하얀색 줄이 있는 은테사철, 잎 가장자리에 노란 줄이 있는 금테사철, 시중에서는 탑사철이라고도 하는 작은잎사철 등 대개 그 품종의 특징을 보여 주는 이름으로 불린다. 추위와 공해에 강하고, 늘 푸른 잎이 아름다워서 정원수나 울타리용으로 많이 심는다. 화훼 장식용으로는 곧은 가지에 달린 잎을 절엽 소재로 사용한다.

학명	*Euonymus japonicus* spp.
과명	노박덩굴과 Celastraceae
속명	화살나무속 Euonymus
영명	Evergreen spindle tree, Japanese spindle tree, Spindle tree
형태 분류	라인, 매스
잎색	❋ 녹색
시중에 유통되는 시기	1 2 3 4 5 6 7 8 9 10 11 12

❋ 꽃말 : 변함없다.

산당화

다른 이름 : 가시덱이, 명자꽃, 흰명자나무

장미과의 낙엽 활엽 관목으로 중국이 원산지이다. '명자나무'
나 '애기씨꽃나무'라고 불리는, 일본 원산의 꽃색이 다양한 풀명자
(*Chaenomeles japonica* (Thunb.) Lindl. ex Spach)와 다른 꽃나
무인데 비슷하게 생겨서 구분이 쉽지 않다. 잎은 타원형이고, 4~5월
에 붉은색이나 분홍빛을 띠는 하얀색 꽃이 하나씩 또는 모여 피고 열
매는 가을에 익는다. 꽃이 예뻐서 정원수로도 많이 기르고, 꽃가지를
화훼 장식용 소재로 사용한다.

학명	*Chaenomeles speciosa* (Sweet) Nakai
과명	장미과 Rosaceae
속명	명자나무속 Chaenomeles
영명	Japnese quince
형태 분류	라인
꽃색	✿ ✿ ✿ 빨강, 분홍, 하양
시중에 유통되는 시기	1 2 3 4 5 6 7 8 9 10 11 12

✿ 꽃말 : 겸손, 단조

산수유나무

다른 이름 : 산수유, 산시유나무, 석조

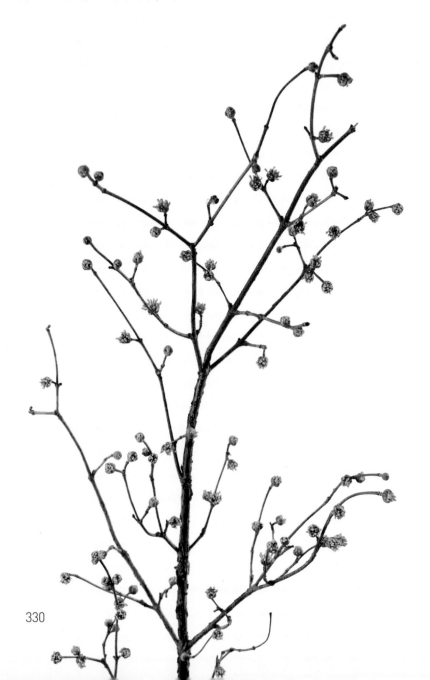

층층나뭇과의 낙엽 활엽 교목으로 중국이 원산지이다. 3~4월에 노란색 꽃이 잎보다 먼저 산형 화서로 달리고, 타원형의 길쭉한 열매는 8~10월에 붉게 익으며 약재로도 사용한다. 봄을 알리는 대표적인 꽃으로, 눈에 두드러지는 화사한 꽃이 아름다워서 관상용으로 화단이나 분화로 많이 심으며, 화훼 장식용으로는 꽃과 함께 가지의 선을 살려 절지 소재로 많이 이용한다.

학명	*Cornus officinalis* Siebold & Zucc.
과명	층층나뭇과 Cornaceae
속명	층층나무속 Cornus
영명	Japanese cornelian cherry, Japanese cornel
형태 분류	라인
꽃색	✳ 노랑
시중에 유통되는 시기	1 2 3 4 5 6 7 8 9 10 11 12

✿ 꽃말 : 지속, 불변, 영원불변의 사랑

삼나무

다른 이름 : 삼목, 삼송, 숙대나무

낙우송과의 상록 교목으로 일본이 원산지이며, 잎 끝이 노란색을 띠는 황금삼나무 등 다양한 원예 품종과 조림용 품종이 있다. 바늘처럼 뾰족하고 짧은 잎은 나선상으로 달리고, 꽃은 3월에 피며, 동그란 열매는 10월에 적갈색으로 익는다. 주요 조림수종으로 방풍, 삼림 녹화용이나 울타리 등 관상용으로 많이 심으며, 거친 느낌이 나는 밝은 녹색 잎의 질감을 살려서 크리스마스 트리나 리스 등 다양한 화훼 장식에 활용한다.

학명	*Cryptomeria japonica* spp.
과명	낙우송과 Taxodiaceae
속명	삼나무속 Cryptomeria
영명	Japanese cedar
형태 분류	매스, 필러
잎색	✿ 녹색
시중에 유통되는 시기	1 2 3 4 5 6 7 8 9 10 11 12

✿ 꽃말 : 웅대, 그대를 위해 살다, 견고, 자신감

삼지닥나무

다른 이름 : 호아서향, 삼아나무, 삼지목, 황서향나무

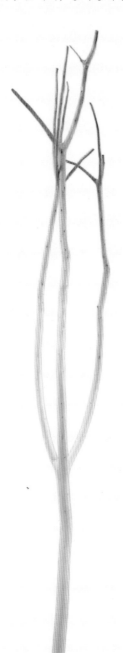

팥 꽃나뭇과의 낙엽 활엽 관목으로 높이는 2미터 정도이며, 잎은 어긋나고 피침 모양 또는 긴 타원형이다. 나뭇가지가 정확하게 세 가지로 갈라지는 닥나무이다. 세 줄기에서 다시 세 줄기로 갈라지는데 봄에 잎보다 먼저 노란색 꽃이 단산 화서로 피고, 작은 견과가 가을에 열린다. 껍질은 종이의 원료로 쓰고 관상용으로 재배한다. 절기에 따라 나무에 물감을 들여 화훼 장식용으로도 사용한다.

학명	*Edgeworthia chrysantha* Lindl.
과명	팥꽃나뭇과 Thymelaeaceae
속명	삼지닥나무속 Edgeworthia
영명	Paper bush
형태 분류	라인
줄기색	✲ ✾ ✾ 하양, 녹색, 빨강
시중에 유통되는 시기	1 2 3 4 5 6 7 8 9 10 11 12

✾ 꽃말 : 당신께 부를 드립니다.

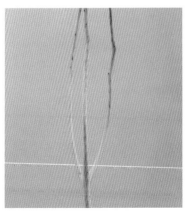

서양측백나무

다른 이름 : 미국측백나무

측백나뭇과의 상록 침엽 교목으로 북아메리카가 원산지이며, 다양한 원예 품종이 있다. 향기 나는 아름다운 잎과 나무 형태가 좋아서 관상용으로 정원수나 울타리로 많이 심는다. 그 중 황금둥근측백, '아우레오' 황금측백(*Thuja occidentalis* 'Aureo') 등의 이름으로 많이 불리는 황금서양측백(*Thuja occidentalis* Aurea Group)은 유럽에서 원예종으로 육종된 것으로 관상수는 물론 절화 시장에서 절엽 소재로 흔히 볼 수 있다. 봄에 황금색이던 잎은 여름에는 녹황색이 되는데, 잎이 아름답고 다루기 쉬워서 꽃다발 등 어느 곳에나 이용된다.

학명	*Thuja occidentalis* spp.
과명	측백나뭇과 Cupressaceae
속명	눈측백속 Thuja
영명	American arborvitae, White cedar
형태 분류	매스, 필러
잎색	✳ ✳ ✳ 노랑, 녹색, 믹스
시중에 유통되는 시기	1 2 3 4 5 6 7 8 9 10 11 12

✳ 꽃말 : 기도, 견고한 우정

337

석송

다른 이름 : 애기석송

석송과의 상록 여러해살이 덩굴성 양치식물로 깊은 산속 볕이 잘 드는 곳에서 무리지어 자란다. 원줄기가 지면으로 길게 뻗어 나가면서 사방으로 퍼지고, 줄기 곳곳에서 가지가 갈라져 나와 비스듬히 선다. 바늘처럼 가늘고 예리한 잎은 광택이 나고 빽빽하게 뭉쳐난다. 길게 늘어지는 가지와 청량감 있는 늘푸른잎을 화훼 장식 소재로 다양하게 활용하는데, 물올림은 좋으나 건조에 약하므로 습도 조절에 주의한다.

학명	*Lycopodium clavatum* L.
과명	석송과 Lycopodiaceae
속명	석송속 Lycopodium
영명	Running clubmoss, Ground pine, Running pine
형태 분류	매스, 라인
잎색	✽ 녹색
시중에 유통되는 시기	1 2 3 4 5 6 7 8 9 10 11 12

✽ 꽃말 : 비단결 같은 마음

석화버들

다른 이름 : 사칼리넨시스버들, 석화류, 사룡류

버드나뭇과에 속하는 낙엽 관목으로 일본이 원산지이다. 국명은 사칼리넨시스 버들이며, 절화 시장에서 볼 수 있는 것은 흔히 석화버들(*Salix sachalinensis* 'Sekka')이라고 불리는 원예 품종이다. 줄기 일부가 말라서 생장을 멈추고, 나머지는 그대로 자라면서 대화(帶化)하며 괴상한 모습으로 구부러진다. 독특한 곡선을 만들어 내는 줄기가 아름다워 절지 소재로서 개성적인 형태의 화훼 장식 작품에 많이 이용한다.

학명	*Salix sachalinensis* F. Schmidt
과명	버드나뭇과 Salicaceae
속명	버드나무속 Salix
영명	Japanese fantail willow, Dragon willow
형태 분류	라인
줄기색	❋ 갈색
시중에 유통되는 시기	1 2 3 4 5 6 7 8 9 10 11 12

❋ 꽃말 : 씩씩, 늠름함

설악초

다른 이름 : 얼음꽃(빙화), 생강초, 월광초, 야광초

대극과의 한해살이 초화로 미국이 원산지이다. 회녹색을 띠는 잎은 테두리를 두른 듯 가장자리가 하얘서 전체적으로 보면 줄기 위에 마치 하얀색 꽃이 핀 것 같다. 그런 모습이 산에 눈이 내린 것 같다 하여 설악초(雪嶽草)라는 이름이 붙었다. 7~8월에 하얀색 꽃이 피는데 크기가 작고, 곁에 있는 잎이 화려하다 보니 눈에 잘 띄지 않는다. 잎이 화려하고 전체적인 형태가 아름다워서 관상용으로 정원이나 길가에 많이 심으며, 화훼 장식용 소재로도 사용하는데, 줄기를 자르면 독성이 있는 하얀색 유액이 나오므로 주의해서 다뤄야 한다.

학명	*Euphorbia marginata* Pursh
과명	대극과 Euphorbiaceae
속명	대극속 Euphorbia
영명	Snow on the mountain, Ghost weed
형태 분류	매스, 필러
잎색	✻ 믹스
시중에 유통되는 시기	1 2 3 4 5 6 7 8 9 10 11 12

✿ 꽃말 : 환영, 축복

343

소귀나무

다른 이름 : 속나무, 산도, 양매

소귀나뭇과의 상록 활엽 교목으로 긴 타원형 잎은 표면이 매끄럽고 가죽 느낌이 난다. 4월에 노란빛을 띤 붉은색 꽃이 피고, 6~7월에 암적색으로 익는 동그란 열매는 딸기처럼 돌기가 나 있으며 식용 가능하다. 나무껍질은 말려서 약재나 염색 재료로 사용할 수 있다. 화훼 장식용으로는 주로 잎을 많이 사용하는데, 열매가 달린 상태로 유통되기도 한다.

학명	*Myrica rubra* (Lour.) Siebold & Zucc.
과명	소귀나뭇과 Myricaceae
속명	소귀나무속 Myrica
영명	Waxberry tree, Chinese bayberry, Chinese waxmyrtle, Yumberry
형태 분류	라인, 매스
잎색	❊ 녹색
시중에 유통되는 시기	1 2 3 4 5 6 7 8 9 10 11 12

❊ 꽃말 : 그대만을 사랑하오.

345

소철

다른 이름 : 철수, 피화초, 풍미초

소철과의 열대산 상록 관목으로 철분을 좋아해서 쇠약해졌을 때 철분을 주면 회복된다고 하여 '소철(蘇鐵)'이라는 이름이 붙었다. 검은빛의 굵은 원줄기는 가지가 없으며, 끝이 날카로운 진녹색의 작은 잎들이 촘촘히 붙어서 깃털 형태를 이루는 큰 잎으로 온통 덮여 있다. 노란빛을 띤 갈색 꽃은 우리나라에서는 100년에 한 번 핀다고 할 정도로 보기 드물어서, 본 사람에게 행운을 가져다주는 꽃이라고도 한다. 온실이나 실내 같은 따뜻한 곳에서 키우는 관상수이며, 화훼 장식으로는 주로 화환 등 큰 디자인에 많이 사용한다.

학명	*Cycas revoluta* Thunb.
과명	소철과 Cycadaceae
속명	소철속 Cycas
영명	Sago palm, Japanese sago palm, Japanese fern palm
형태 분류	라인, 매스
잎색	❋ 녹색
시중에 유통되는 시기	1 2 3 4 5 6 7 8 9 10 11 12

❋ 꽃말 : 강한 사람, 감정, 고집

347

속새

다른 이름 : 마디초, 필관초, 덕욱새, 목적

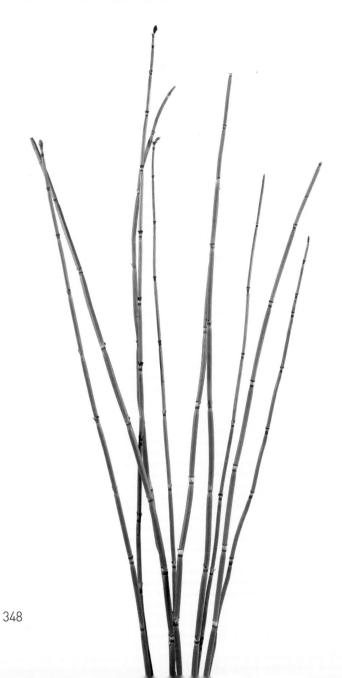

절지·절엽

양치식물 속샛과의 상록 여러해살이풀로 그늘진 숲속 습지에서 잘 자라고, 옆으로 뻗어 있는 땅속줄기에서 여러 줄기가 모여 난다. 잎은 전혀 없고, 곧게 뻗은 진녹색 줄기는 속이 비어 있으며, 가지는 없으나 진갈색 마디가 뚜렷하여 마치 가는 대나무 같은 느낌이다. 화분에 기르기도 하며, 줄기 속이 비어 있어 쉽게 구부릴 수 있어서 안에 철사를 넣어 화훼 장식용 소재로 다양하게 응용한다. 줄기를 자르면 갈색 액이 나오므로 다룰 때 주의한다.

학명	*Equisetum hyemale* L.
과명	속샛과 Equisetaceae
속명	속새속 Equisetum
영명	Scouringrush horsetail, Common hyemale, Common scouring rush,
형태 분류	라인
줄기색	❀ 녹색
시중에 유통되는 시기	1 2 3 4 5 6 7 8 9 10 11 12

❀ 꽃말 : 환호, 비범, 거짓

수수

다른 이름 : 쑤시, 노제, 당서, 촉서

벗과의 한해살이풀로 아프리카 또는 인도가 원산지이며, 오곡에 속하는 곡물 중 하나로 식용한다. 좁고 길게 자라는 잎은 어긋나고, 7~9월에 줄기 끝에서 이삭이 나와 꽃이 원추 화서로 달리며, 열매는 가을에 노란색, 암갈색 등으로 익는다. 꽃차례와 이삭이 원형이나 원추형으로 몰려 붙어 있는 것이나 퍼져 있는 것 등 형태가 다양한 재배 품종이 있다. 화훼 장식용으로 교회 절기 때 많이 사용하며, 말려서 색을 입힌 것은 '색수수'라고도 한다.

학명	*Sorghum bicolor* (L.) Moench
과명	벗과 Gramineae
속명	수수새속 Sorghuma
영명	Sorghum
형태 분류	매스, 라인
열매색	✳ ✳ ✻ ✻ ✳ 하양, 노랑, 녹색, 암갈색, 믹스
시중에 유통되는 시기	1 2 3 4 5 6 7 8 9 10 11 12

✿ 꽃말 : 풍요

쉬땅나무

다른 이름 : 개쉬땅나무, 털쉬땅나무, 밥쉬나무

장미과의 낙엽 관목으로 6~7월에서 가지 끝에 하얀색의 작은 꽃이 원추 화서로 자잘하게 핀다. 산기슭이나 골짜기 습지에서 자라고, 진주알 같은 꽃봉오리에서 하얀 꽃이 피면 안개꽃처럼 아름다워 관상용으로 도로변이나 공원에도 많이 심는다. 절화는 웨딩 소재로 많이 사용한다. 일본에서 '진지매(珍至梅)'라고 쓰고 '친시바이(ちんしばい)'라고 읽는 것에 영향을 받아, 우리나라에서는 흔히 '신지매'라는 잘못된 이름으로 불리는 경우가 많다.

학명	*Sorbaria sorbifolia* var. *stellipila* Maxim.
과명	장미과 Rosaceae
속명	쉬땅나무속 Sorbaria
영명	False spiraea
형태 분류	필러, 라인
꽃색	✽ 하양
시중에 유통되는 시기	1 2 3 4 5 6 7 8 9 10 11 12

✿ 꽃말 : 신중, 진중, 공감

신서란

다른 이름 : 무늬뉴질랜드삼, 잎새란, 노란줄무늬신서란

여러해살이 상록 초본으로 뉴질랜드 늪지대가 원산지이다. 뿌리 줄기에서 모여 나는 잎은 긴 칼 모양으로 끝이 뾰족하고, 섬유질이 잘 발달하여 뻣뻣하고 가죽 같은 느낌이 난다. 전체적으로 진녹색을 띠며, 가장자리에 노란색 세로줄 무늬가 들어가 있다. 7~8월에 검붉은색 또는 노란색의 대롱 모양 통꽃이 피고, 열매는 10월에 익는다. 관상용으로 정원에 심거나 화분으로도 기르며, 쭉 뻗은 선이 아름다워 화훼 장식에서 라인 소재로 많이 이용한다.

학명	*Phormium tenax* 'Variegatum'
과명	백합과 Liliaceae
속명	뉴질랜드삼속 Phormium
영명	Flax new zealand, New zealand flax
형태 분류	라인
잎색	✳ 믹스
시중에 유통되는 시기	1 2 3 4 5 6 7 8 9 10 11 12

✳ 꽃말 : 참신하다.

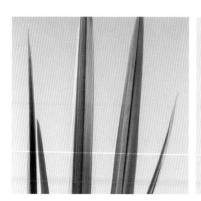

아레카야자

다른 이름 : 황야자

내한성이 약한 열대 아열대 식물로 마다가스카르가 원산지이다. 높이는 3~8m이며 원줄기와 잎자루가 황녹색을 띠므로 '황야자'라고도 한다. NASA와 여러 연구기관에서 선정한 공기 정화 식물이다. 건조한 환경에서는 쉽게 잎의 끝이 마르므로 항상 습도를 유지해야 한다. 화훼 장식용으로 사용할 때는 작품의 라인을 세우거나 작품의 공간을 채우는 매스 역할을 한다.

학명	*Chrysalidocarpus lutescens*
과명	야자과 Palmae
속명	카매도레아속 Chamaedorea
영명	Areca palm, Butterfly palm, Golden feather palm
형태 분류	라인, 매스
잎색	✳ 녹색
시중에 유통되는 시기	1 2 3 4 5 6 7 8 9 10 11 12

✳ 꽃말 : 마음의 평화

아스파라거스 덴시플로루스

다른 이름 : 미리오 클라투스

비짜루속(Asparagus)에 속하는 많은 품종 중 관상용으로 많이 알려진 것은 대부분 아스파라거스 덴시플로루스의 재배종으로 가늘고 섬세한 잎을 가지고 있는데, 사실 잎으로 보이는 것은 가지가 변형된 것이다. 하얀색 꽃이 피고, 붉은색 열매가 맺힌다. 푸른색의 섬세한 잎이 청량감을 주어 절엽 소재로 화훼 장식에 많이 사용한다. 시간이 지나면서 잎이 노란색으로 물들며 쉽게 떨어지므로 장시간 감상하는 장식에는 가급적 사용을 피하는 것이 좋다.

학명	*Asparagus densiflorus* spp.
과명	백합과 Liliaceae
속명	비짜루속 Asparagus
영명	Asparagus densiflorus, Asparagus fern
형태 분류	라인, 매스
잎색	❋ 녹색
시중에 유통되는 시기	1 2 3 4 5 6 7 8 9 10 11 12

❋ 꽃말 : 불변, 한결같은 마음

아스파라거스 세타케우스

다른 이름 : 아스파라거스 플루모수스

비짜루속(Asparagus)에 속하는 남아프리카 원산의 덩굴성 식물로 가늘고 긴 줄기에 짧은 잎이 밀생하여 길게 뻗으며 전체적으로 삼각형 모양을 이룬다. 봄에 큰 가지 끝에서 꽃이 한 송이씩 달리며, 검은 자주빛 열매를 맺는다. 고사리잎을 닮은 잎은 깃털처럼 섬세하고 아름다워 꽃다발 등 화훼 장식용으로 많이 사용하는데 시간이 지나면서 부서지듯 잘 떨어지므로 주의한다. 아스파라거스 플루모수스(Asparagus plumosus)라고도 한다.

학명	*Asparagus setaceus* (Kunth) Jessop
과명	백합과 Liliaceae
속명	비짜루속 Asparagus
영명	Common asparagus fern, Lace fern, Climbing asparagus, Ferny asparagus
형태 분류	라인, 필러
잎색	✿ 녹색
시중에 유통되는 시기	1 2 3 4 5 6 7 8 9 10 11 12

✿ 꽃말 : 불변, 무변화

361

아스파라거스 아스파라고이데스

다른 이름 : 스마일락스

비짜루속(Asparagus)에 속하는 덩굴성 여러해살이 식물로 '스마일락스(Smilax)'라는 이름으로 더 많이 알려져 있으며, '아스파라거스 메데올로이데스(Asparagus medeoloides)'라고도 한다. 흐르듯 부드러운 줄기에 달걀 모양의 작은 잎이 많이 달린다. 선명한 녹색 잎은 광택이 나며, 녹색을 띠는 하얀색 꽃이 피고, 열매는 암자색이다. 대표적인 절엽 소재로, 색이 아름답고 자연스러운 연출이 가능하여 꽃꽂이나 신부 부케 등에 많이 사용한다.

학명	*Asparagus asparagoides* (L.) Druce
과명	백합과 Liliaceae
속명	비짜루속 Asparagus
영명	Bridal creeper, Bridal-veil creeper, Gnarboola, Smilax, Smilax asparagus
형태 분류	라인, 매스
잎색	✳ 녹색
시중에 유통되는 시기	1 2 3 4 5 6 7 8 9 10 11 12

✳ 꽃말 : 불변, 무변화

아스플레니움

다른 이름 : 대곡도

상록 여러해살이풀로 전 세계적으로 다양한 종이 분포하는데, 주로 열대 지방에서 많이 자란다. 길쭉하고 넓은 잎은 광택 나는 선명한 녹색을 띠며, 가장자리가 물결치는 듯 구불구불한 모양을 이루는 것이 특징적이다. 우리나라에서 '파초일엽'이라고 하는 아스플레니움 안티쿰(Asplenium antiquum)과 아스플레니움 니두스(Asplenium nidus) 등이 대표적이다. 절화 시장에서는 한 잎씩 유통되는 경우가 많으며, 물에 잠겨도 쉽게 부패하지 않고, 잎이 튼튼해서 화훼 장식용으로 다양하게 사용된다. 실내에서 관엽 식물로도 많이 기른다.

학명	*Asplenium* spp.
과명	꼬리고사리과 Aspleniaceae
속명	꼬리고사리속 Asplenium
영명	Asplenium, Bird' s-nest fern
형태 분류	매스
잎색	✱ 녹색
시중에 유통되는 시기	1 2 3 4 5 6 7 8 9 10 11 12

꽃말 : 증진, 언제나 당신과 함께하겠어요.

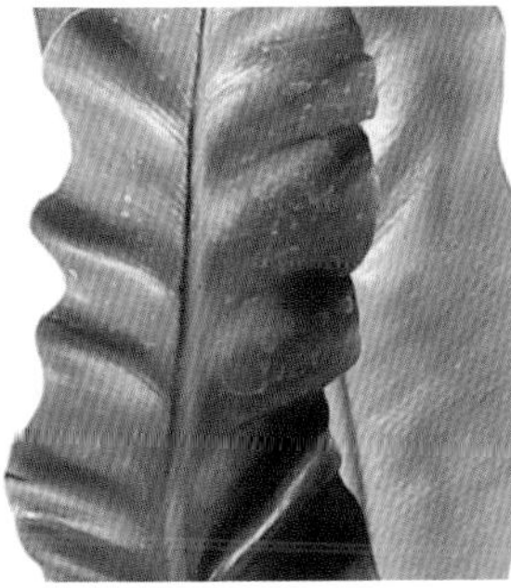

아이비

다른 이름 : 서양송악, 헤데라, 담쟁이덩굴

상록 덩굴 식물로 원예 품종이 다양하여 잎 크기나 모양, 색을 다양하게 즐길 수 있다. 가죽 같은 느낌이 나는 잎은 광택이 나고, 보통 3~5갈래로 갈라지며 삼각형 모양을 이룬다. 10월에 녹황색 꽃이 산형 화서로 달리고, 둥근 열매는 다음해 봄에 검은색으로 익는다. 화분에 많이 기르는 인기 관엽 식물인데, 잎에 독성이 있으므로 주의한다. 화훼 장식용으로는 잎만 따서 묶음으로 된 것과 덩굴 상태된 것이 유통된다.

학명	*Hedera helix* spp.
과명	두릅나뭇과 Araliaceae
속명	송악속 Hedera
영명	Ivy, Common ivy, English ivy
형태 분류	매스
잎색	✽ ✽ ✽ 암적색, 녹색, 믹스
시중에 유통되는 시기	1 2 3 4 5 6 7 8 9 10 11 12

✽ 꽃말 : 행운이 함께하는 사랑, 성실

애기사과나무

다른 이름 : 꽃사과나무, 아기사과나무

장미과의 낙엽 교목으로 북아메리카나 아시아에서 서식하며 줄기는 5~8m 이상 자란다. 주로 관상용으로 분재나 정원수로 많이 키우며, 열매는 일반 사과와 달리 좀 딱딱하고 맛은 시큼하다. 봄에는 연분홍색과 흰색의 꽃이 피며, 가을에 작은 열매가 열려 이듬해 봄까지 가지에 달려 있다. 화훼 장식용으로 사용할 때는 작품의 중심을 잡아 주는 라인 소재로 사용되며, 작품의 공간을 채워 주는 매스로 사용한다.

학명	*Malus prunifolia*
과명	장미과 Rosaceae
속명	사과나무속 Malus
영명	Crab apple
형태 분류	라인, 매스
잎색	✿ ❀ 연분홍, 하양
시중에 유통되는 시기	1 2 3 4 5 6 7 8 9 10 11 12

✿ 꽃말 : 유혹

엽란

다른 이름 : 옆란풀, 잎난초

백합과의 상록 여러해살이풀로 땅속으로 뻗은 뿌리줄기의 마디에서 광택이 나는 타원형 잎이 곧바로 자란다. 가장자리에 무늬가 들어간 무늬엽란(*Asphodelus elatior* 'Variegata'), 잎 전체에 반점이 들어가 있는 마쿨라타 엽란(*Asphodelus elatior* 'Maculata'), 잎 끝에 무늬가 들어가 있는 아사히 엽란(*Asphodelus elatior* 'Asahi') 등 다양한 품종이 존재한다. 절화 시장에는 잎 부분이 유통되며, 잎이 튼튼하고 유연해서 다양하게 활용할 수 있다.

학명	*Aspidistra elatior* spp.
과명	백합과 Liliaceae
속명	엽란속 Aspidistra
영명	Barroom plant
형태 분류	매스
잎색	✽ ✽ 녹색, 믹스
시중에 유통되는 시기	1 2 3 4 5 6 7 8 9 10 11 12

✿ 꽃말 : 거절, 거역

오렌지재스민

다른 이름 : 파니쿨라타무르라이아, 오렌지자스민, 칠리향

 국, 아시아 남부, 미국 남부 원산의 상록 관목 또는 소교목이다. 6~9월에 향기 좋은 하얀색 꽃이 산방 화서로 피고, 선명한 진녹색 잎은 광택이 나며, 열매는 붉은색으로 익는다. 꽃향기가 오렌지 꽃향기와 재스민 꽃향기를 섞어 놓은 듯하다 하여 흔히 '오렌지재스민'이라는 이름으로 불리는데, 사실 물푸레나뭇과에 속하는 재스민과는 관계가 없는 식물이다. 잎, 꽃, 열매가 모두 아름다워 분화용으로 많이 기르며, 화훼 장식용으로는 잎을 주로 사용한다.

학명	*Murraya paniculata* (L.) Jack
과명	운향과 Rutaceae
속명	무르라이아속 Murraya
영명	Box chinese cosmetic-bark tree, Satin-wood, Orange jessamine, Jessamine orange, Chinese box
형태 분류	매스, 필러
꽃색	❋ 하양
시중에 유통되는 시기	1 2 3 4 5 6 7 8 9 10 11 12

❋ 꽃말 : 행복, 친절, 상냥함

오리나무

다른 이름 : 오리목, 오리수, 유리목, 적양

$\underset{}{\text{오}}$리나무, 사방오리나무, 물오리나무 등 오리나무속에는 많은 종이 있으며, 이를 통틀어 '오리나무'라고도 한다. 실제 오리나무는 보기 쉽지 않고, 대부분은 물오리나무나 사방오리나무이며, 화훼 장식용으로 나오는 것도 물오리나무(Alnus sibirica)의 원예종이다. 나무에 솔방울 같은 작은 열매가 달리는 것이 특징이고, 화훼 장식용으로도 열매를 많이 사용한다. 녹색과 갈색 열매가 모두 유통되는데, 녹색일 경우에는 끈적이는 진액이 나오므로 주의한다.

학명	*Alnus* spp.
과명	자작나뭇과 Betulaceae
속명	오리나무속 Alnus
영명	Alder tree
형태 분류	라인
열매색	❊ ❊ 녹색, 갈색
시중에 유통되는 시기	1 2 3 4 5 6 7 8 9 10 11 12

❊ 꽃말 : 장엄, 위로

왕버들

다른 이름 : 버드나무, 살릭스글라우카

버│드나뭇과의 낙엽 교목으로 호숫가 등 물가에서 자라며, 버드나무 종류 중 가장 크고 꽃이 늦게 피기 시작하는 편이다. 타원형의 녹색 잎은 광택이 나고, 꽃은 4~5월에 잎이 생긴 후에 피며, 달걀 모양의 열매는 5월에 익는다. 절화 시장에는 주로 겨울철에 유통되며, 추워질수록 줄기와 꽃이삭을 감싼 포가 암적색으로 물들어 간다. 길게 뻗은 줄기와 매끈하고 솜털 같은 꽃이삭이 아름다워서 화훼 장식용 라인 소재나 구조물을 만들 때 많이 이용한다.

학명	*Salix chaenomeloides* Kimura
과명	버드나뭇과 Salicaceae
속명	버드나무속 Salix
영명	Giant pussy willow
형태 분류	라인
꽃이삭색	✽ 은회색
시중에 유통되는 시기	1 2 3 4 5 6 7 8 9 10 11 12

✽ 꽃말 : 자유, 솔직

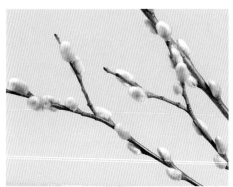

용버들

다른 이름 : 고수버들, 운용버들, 파마버들

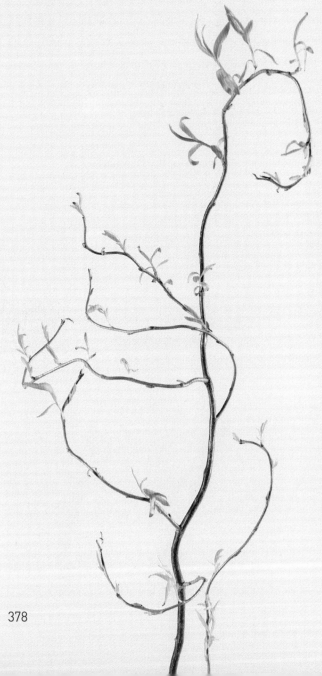

버드나뭇과의 낙엽 교목으로 중국이 원산지이다. 원줄기와 큰 가지는 곧게 자라는데, 잔가지는 밑으로 처지고 불규칙하게 구불거리며 특이한 형상을 보여서 용버들, 고수버들 등 형태에서 유추되는 다양한 이름으로 불린다(곱슬버들은 북한어임). 피침형 잎은 어긋나고 가장자리에 잔톱니가 있으며, 꽃은 4월에 잎과 같이 피고, 열매는 5월에 익는다. 자유롭게 물결치는 곡선을 만들어 내는 줄기를 화훼 장식용 소재로 활용하고, 공예품 재료로도 쓴다.

학명	*Salix matsudana* f. tortuosa Rehder
과명	버드나뭇과 Salicaceae
속명	버드나무속 Salix
영명	Dragon-claw willow, Corkscrew willow, Pekin willow
형태 분류	라인
잎색	✿ ✿ 녹색, 갈색
시중에 유통되는 시기	1 2 3 4 5 6 7 8 9 10 11 12

꽃말 : 자유, 솔직

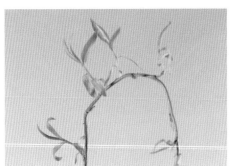
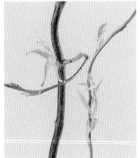

유칼립투스

다른 이름 : 유칼리, 유칼리나무, 유카리

도금양과의 상록 교목 또는 관목으로 오스트레일리아가 원산지이다. 전 세계에 300여 종 이상이 자라며, 품종에 따라 다양한 이름으로 불린다. 시중에서도 다양한 크기와 색상, 잎 모양을 가진 유칼립투스를 만날 수 있다. 대개 가는 가지에 가죽 같은 질감의 은빛이 도는 녹색 잎이 달리며, 잎에서 특유한 향기가 난다. 가장 많이 사용하는 화훼 소재 중 하나로 수명이 오래가고, 그대로 말려서 드라이 소재로도 활용할 수 있다.

학명	*Eucalyptus* spp.
과명	도금양과 Myrtaceae
속명	유카리속 Eucalyptus
영명	Eucalyptus, Gum tree
형태 분류	매스, 필러
잎색	✽ ✾ 녹색, 은백색
시중에 유통되는 시기	1 2 3 4 5 6 7 8 9 10 11 12

✾ 꽃말 : 추억

조

다른 이름 : 좁쌀

벼과의 한해살이풀로 동아시아가 원산지이다. 긴 줄기 끝에 작은 알갱이들이 촘촘히 달린 이삭이 나며, 열매가 노란색에서 갈색으로 익어 감에 따라 머리가 곡선을 이루며 늘어진다. 원통형의 가는 꽃이 피고, '좁쌀'이라 불리는 곡물의 하나로 쌀 등과 섞어 밥을 지어 먹는다. 화훼 장식에서는 절기용 디자인 장식으로 많이 사용한다. 드라이 소재로도 쓸 수 있다.

학명	*Setaria italica* (L.) P.Beauv.
과명	벼과 Gramineae
속명	강아지풀속 Setaria
영명	Foxtall millet, Italian millet, Barn grass, Chinese corn
형태 분류	라인, 매스
잎색	❋ 녹색
시중에 유통되는 시기	1 2 3 4 5 6 7 8 9 10 11 12

❋ 꽃말 : 평등

383

중대가리나무

다른 이름 : 구슬꽃나무, 머리꽃나무

꼭두서닛과의 낙엽 관목으로 우리나라에 1속 1종밖에 없는 희귀 식물이다. 피침형의 길고 뾰족한 잎은 광택이 나고, 7~8월에 줄기 끝에서 노란색을 띤 붉은색 또는 하얀색 꽃이 두상 화서로 핀다. 삭 발한 중의 머리를 닮았다 하여 '중대가리나무'라는 이름이 붙었으며, 구슬을 닮은 동그란 꽃이 달리는 모습에서 '구슬꽃나무'라고도 한다. 동글동글한 모양의 꽃이 특이하고 아름다워 관상용으로 많이 기르며, 화훼 장식용으로도 이용한다.

학명	*Adina rubella* Hance
과명	꼭두서닛과 Rubiaceae
속명	구슬꽃나무속 Adina
영명	Glossy adina, Chinese buttonbush
형태 분류	필러, 매스
꽃색	하양, 분홍
시중에 유통되는 시기	1 2 3 4 5 6 7 8 9 10 11 12

꽃말 : 겸손

385

칼라테아

다른 이름 : 칼라데아

광택 나는 잎의 무늬가 아름다운 식물로 변종을 포함한 다양한 품종이 존재한다. 그 중 화살깃파초라는 이름의 칼라테아 마코야나(*Calathea makoyana*)는 잎이 가장 아름답고, 잎의 무늬가 공작새를 닮았다 하여 공작나무(peacock plant)라는 이름을 가지고 있다. 붉은줄무늬칼라테아 또는 분홍줄무늬칼라데아라고도 불리는 칼라테아 오르나타(*Calathea ornata*)는 진저(ginger)라는 이름으로도 유통되며, 붉은색을 띠는 잎맥이 아름답다. 주로 실내에서 공기 정화용 관엽 식물로 많이 키웠는데, 최근에는 절엽 소재로 화훼 장식용으로도 사용한다.

학명	*Calathea* spp.
과명	마란타과 Marantaceae
속명	칼라테아속 Calathea
영명	Calathea, Prayer plants
형태 분류	매스
잎색	✽ ✽ 녹색, 믹스
시중에 유통되는 시기	1 2 3 4 5 6 7 8 9 10 11 12

✽ 꽃말 : 우정

코랄펀

다른 이름 : 우산고사리

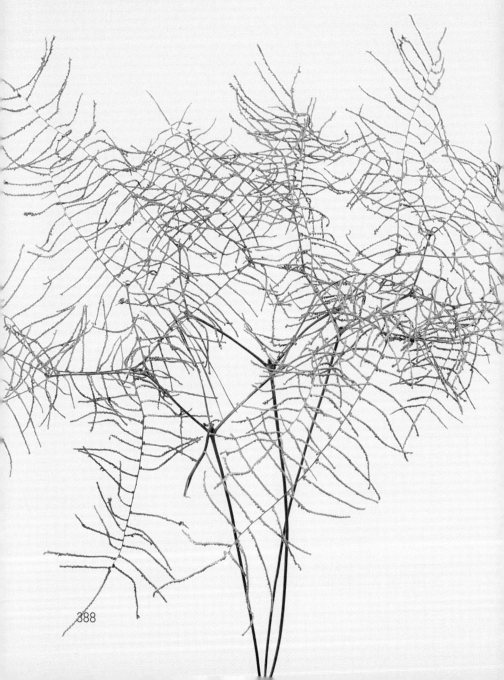

주변에서 친숙하게 볼 수 있는 루모라고사리, 보스턴고사리처럼 여러 잎이 모여서 뾰족한 형태를 가지고 있다. 줄기는 가늘고 길게 곧아져 있으며, 잎은 끝으로 갈수록 뾰족하다. 펼친 우산 모양을 하고 있어 '우산고사리'라고도 한다. 마치 작은 야자수처럼 풍성하여 어느 공간에서든 큰 존재감을 드러낸다. 여러 겹을 모아 꽃다발의 받침으로도 활용되기도 하고, 신부 부케용으로도 많이 사용한다.

학명	*Gleichenia dicarpa*
과명	풀고사리과 Gleicheniaceae
속명	풀고사리속 Gleichenia
영명	Sea star fern, Coral fern
형태 분류	매스
잎색	❀ 연녹색
시중에 유통되는 시기	1 2 3 4 5 6 7 8 9 10 11 12

❀ 꽃말 : 기적, 유혹

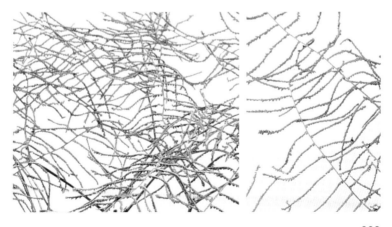

코르딜리네

다른 이름 : 홍죽, 천년죽, 주초

열대성 또는 아열대성 교목 또는 관목으로 다양한 품종이 있다. 코르딜리네 터미널리스(*Cordyline terminalis*)의 원예종인 '아이치 아카(Aichiaka)'와 코르딜리네 프르티코사(*Cordyline fruticosa*)의 원예종인 '레드 에지(Red Edge)'가 대표적이며, 녹색에 붉은색을 띠는 잎이 아름답다. 잎이 화려하고 아름다워 실내 관엽 식물로 많이 기르며, 화훼 장식용으로도 사용한다. 드라세나와 비슷하게 생겨서 구별하기 어렵고, 전에 드라세나속으로 분류되었던 까닭에 아직 드라세나라는 이름으로 불리기도 하지만 엄연히 다른 식물이다.

학명	*Cordyline* spp.
과명	용설란과 Agavaceae
속명	코르딜리네속 Cordyline
영명	Cordyline
형태 분류	매스, 필러
잎색	✳ ✳ 녹색, 믹스
시중에 유통되는 시기	1 2 3 4 5 6 7 8 9 10 11 12

✳ 꽃말 : 당신 곁에 있겠습니다.

코치아

다른 이름 : 펄블루부시, 블루부시

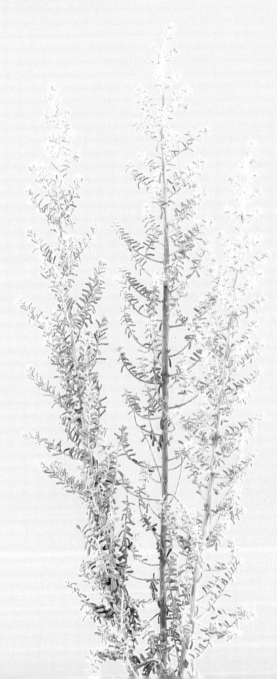

오스트레일리아 원산의 상록 내한성 관목으로 길게 자란 줄기에 다육질의 섬세한 잎들이 다닥다닥 달린다. 주로 겨울에 많이 유통되며, 은백색 잎과 가지가 아름다워서 크리스마스용 화훼 장식에 많이 사용한다. 물올림이 좋지 않으면 잎이 잘 떨어지므로 주의한다. 예전 학명이 'Kochia sedifolia'로 댑싸리속(Kochia)으로 분류되었던 적이 있던 영향 때문에 '코치아'라는 이름으로 여전히 불리고 있는데 아직 정확한 국명은 정해지지 않았다.

학명	*Maireana sedifolia* (F.Muell.) Paul G.Wilson
과명	비름과 Amaranthaceae
속명	마이레아나속 Maireana
영명	Pearl bluebrush, Bluebush
형태 분류	라인, 매스, 필러
잎색	✱ 은백색
시중에 유통되는 시기	1 2 3 4 5 6 7 8 9 10 11 12

✱ 꽃말 : 매력, 매혹

테이블야자

다른 이름 : 탁상야자, 엘레간야자

남아프리카 등 아열대 지방에 서식하는 소형 야자로 단단하고 곧게 자라는 줄기에서 광택이 나는 밝은 녹색 잎이 길게 자란다. 크기가 작아서 책상 위에 올려놓고 키울 수 있다 하여 '테이블야자'나 '탁상야자'라는 이름으로 부른다. 자극적인 냄새가 나는 폼알데하이드 등 유해 물질을 제거하고, 공기 중에 수분을 방출하는 능력이 뛰어나서 공기 정화 식물로 실내에서 많이 기른다. 최근에는 절엽 소재로 화훼 장식용으로도 이용한다.

학명	*Chamaedorea elegans* Mart.
과명	야자과 Palmae
속명	카매도레아속 Chamaedorea
영명	Palm good luck, Palm parlor, Parlour palm, Parlor
형태 분류	라인, 매스
잎색	❋ 녹색
시중에 유통되는 시기	1 2 3 4 5 6 7 8 9 10 11 12

❀ 꽃말 : 마음의 평화

파니쿰

다른 이름 : 패니쿰

기장속(Panicum)에는 다양한 품종이 있는데, 대개 꽃시장에서 파니쿰이라 부르는 것은 'Panicum capillare'를 말한다. 북아메리카 원산의 한해살이풀로 가느다란 줄기 끝에 무리지어 이삭 모양으로 꽃이 피며, 빗자루 형상을 이루듯 안개처럼 퍼져서 야리야리한 인상을 준다. 건조화로도 이용하며, 벼처럼 줄기 속이 비어 있어 쉽게 부러지므로 다룰 때 주의한다.

학명	*Panicum capillare* L.
과명	볏과 Gramineae
속명	기장속 Panicum
영명	Witch grass, Smoke grass
형태 분류	라인, 필러
잎색	❋ ❋ 녹색, 믹스
시중에 유통되는 시기	1 2 3 4 5 6 7 8 9 10 11 12

❋ 꽃말 : 솔직

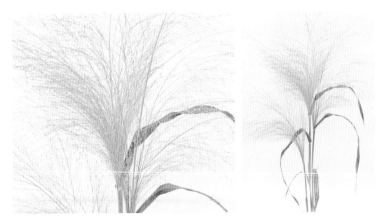

팥꽃나무

다른 이름 : 조기꽃나무, 이팥나무

팥꽃나뭇과의 낙엽 활엽 관목이다. 꽃이 팥 색과 비슷하다 하여 '팥꽃나무'라 하고, 이 꽃이 필 때 조기가 회유하므로 '조기꽃나무'라 고도 한다. 주로 우리나라 남부지방이나 일본 등지에서 서식한다. 높 이는 1m 내외로 자라고, 꽃은 3~5월에 핀다. 꽃봉오리와 뿌리는 약 용으로 쓰기도 하고, 나무껍질은 제지용 재료로 이용된다. 화훼 장식 용으로는 작품의 중심을 잡아 주는 라인 소재로 많이 사용된다.

학명	*Daphne genkwa*
과명	팥꽃나뭇과 Thymelaeaceae
속명	팥꽃나무속 Daphne
영명	Lilac Daphne
형태 분류	라인
잎색	❊ 자주색
시중에 유통되는 시기	1 2 3 4 5 6 7 8 9 10 11 12

❊ 꽃말 : 달콤한 사랑

팔손이

다른 이름 : 팔손이나무, 팔각금반

두릅나뭇과의 상록 활엽 관목으로, 진녹색의 커다란 잎이 손가락을 벌린 손바닥처럼 7~9갈래로 깊게 갈라져 있어서 '팔손이'라고 한다. 10~11월에 하얀색 꽃이 산형 화서로 피고, 열매는 이듬해 3~5월에 검게 익는다. 공기 정화 능력이 뛰어나서 관엽 식물로 실내에서 많이 기르며, 화훼 장식용으로는 잎을 많이 사용하지만 열매가 달린 것도 유통된다.

학명	*Fatsia japonica* (Thunb.) Decne. & Planch.
과명	두릅나뭇과 Araliaceae
속명	팔손이속 Fatsia
영명	Glossy-leaf paper plant, Formosa rice tree, Glossy-leaved paper plant, Japanese fatsia, Paper plant
형태 분류	매스
잎색	✿ 녹색
시중에 유통되는 시기	1 2 3 4 5 6 7 8 9 10 11 12

✿ 꽃말 : 비밀, 분별, 교만, 기만

편백나무

다른 이름 : 편백, 노송, 노송나무, 회목

측백나뭇과의 상록 교목으로 일본이 원산지이며, 다양한 원예 품종이 있다. 겹겹이 포개진 잎은 끝부분이 둔하고 두꺼우며, 뒷면에 Y자 모양의 흰색 숨구멍이 선명히 보인다. 작고 둥근 열매는 10~11월에 갈색으로 익는다. 목재의 질이 좋고, 항균 물질인 피톤치드를 발산하여 조림용으로 산에 많이 심는다. 어디에나 잘 어울리고 쉽게 구할 수 있어 꽃다발, 꽃바구니 등 화훼 장식에 많이 사용한다. 특히 겨울철에 크리스마스용 리스나 트리에 많이 쓴다.

학명	*Chamaecyparis obtusa* spp.
과명	측백나뭇과 Cupressaceae
속명	편백속 Chamaecyparis
영명	Hinoki cypress
형태 분류	필러, 매스
잎색	❋ ❋ 녹색, 믹스
시중에 유통되는 시기	1 2 3 4 5 6 7 8 9 10 11 12

❋ 꽃말 : 기도, 변하지 않는 사랑

피마자

다른 이름 : 아주까리, 비마자, 비마

열대 아프리카가 원산지로 세계 각지에 분포한다. 대극과의 한해살이풀로 높이는 2m 정도이며 잎은 어긋나고 손바닥 모양으로 갈라진다. 8~9월에 엷은 붉은색의 단성화가 총상 화서로 피고 열매는 세 개의 씨가 들어 있다. 씨는 타원형으로 새알 모양인데 리시닌이 들어 있으며 설사약, 포마드, 도장밥 및 공업용 윤활유로도 사용한다. 화훼 장식용으로 줄기를 라인으로 사용한다.

학명	*Ricinus communis* L.
과명	대극과 Euphorbiaceae
속명	피마자속 Ricinus
영명	Castor bean, Castor-oil-plant, Palma christ, Wonder tree
형태 분류	라인, 매스
잎색	✿ ✿ 주홍, 연녹색
시중에 유통되는 시기	1 2 3 4 5 6 7 8 9 10 11 12

✿ 꽃말 : 단정한 사랑

필로덴드론 셀로움

다른 이름 : 설렘

브라질, 파라과이가 원산지로 천남성과에 속한다. 줄기는 마디가 짧고, 잎은 줄기 윗부분에서 돌려나며 짙은 녹색의 두껍고 광택이 있는 아름다운 관엽 식물이다. 잎이 넓고 잎의 수가 많기 때문에 전자파 제거에 효과적이고, 폼알데하이드 제거 능력이 뛰어나다. 잎의 모양이 특이하여 꽃꽂이에서도 많이 이용할 뿐 아니라 꽃다발, 부케 등에서도 많이 사용된다. 밤에 개화한다.

학명	*Philodendron selloum*
과명	천남성과 Araceae
속명	필로덴드론속 Philodendron
영명	Lacy tree philodendron
형태 분류	매스
잎색	❋ 녹색
시중에 유통되는 시기	1 2 3 4 5 6 7 8 9 10 11 12

❋ 꽃말 : 수치, 수줍음

필로덴드론 제나두

다른 이름 : 필로덴드론 자너두 · 제너두 · 재나두 · 재너두

품종이 다양한 필로덴드로속의 원예종 중 하나인 필로덴드론 제나두는 보통 절화 시장에서 '신종 셀렘'이라는 잘못된 이름으로 많이 유통된다. 브라질이 원산지이며, 광택이 나는 진녹색 잎은 좌우로 깊게 갈라져 있다. '필로덴드론 셀로움(*Philodendron selloum*)'과 비슷하게 생겼는데, 잎이 더 작고 여성스러운 느낌이 난다. 공기 정화 식물로 실내에서 관엽 식물로 많이 기르며, 잎이 특이하고 아름다워서 화훼 장식용으로도 많이 사용한다.

학명	*Philodendron xanadu*
과명	천남성과 Araceae
속명	필로덴드론속 Philodendron
영명	Xanadu, Philodendron
형태 분류	매스
잎색	❋ 녹색
시중에 유통되는 시기	1 2 3 4 5 6 7 8 9 10 11 12

❋ 꽃말 : 나를 사랑해주세요

홍가시나무

다른 이름 : 홍가시, 붉은순나무

장미과의 상록 활엽 소교목으로 원산지는 일본이며, 다양한 원예종이 있다. 타원형 잎은 끝이 뾰족하고 가장자리에 톱니가 있다. 5~6월에 가지 끝에서 하얀색 꽃이 원추 화서로 달리고, 동그란 열매는 9~10월에 붉게 익는다. 참나뭇과의 가시나무 잎과 비슷하게 생긴 잎이 새잎이 나올 때와 단풍이 들 때에 붉은색을 띠어서 홍가시나무라고 한다. 붉게 물드는 잎이 아름다워서 관상용으로 정원수나 울타리로 많이 심으며, 화훼 장식용으로도 사용한다.

학명	*Photinia glabra* (Thunb.) Maxim.
과명	장미과 Rosaceae
속명	홍가시나무속 Photinia
영명	Japanese photinia
형태 분류	라인, 매스
잎색	✱ ✾ 빨강, 녹색
시중에 유통되는 시기	1 2 3 4 5 6 7 8 9 10 11 12

✿ 꽃말 : 겸소

411

화살나무

다른 이름 : 귀전우, 위모, 혼전우, 홋잎나무, 참빗나무

노박덩굴과의 낙엽 활엽 관목으로 줄기에 코르크질의 날개 같은 것이 나 있는 모습이 마치 화살 같다 하여 화살나무라는 이름이 붙었다. 6월에 황록색 꽃이 취산 화서로 피고, 열매는 10월에 붉은색으로 익으며, 타원형 잎도 가을에 붉은색으로 물든다. 가을에 붉게 단풍이 드는 잎이 아름다워서 관상수로도 많이 심으며, 화훼 장식용으로는 거칠지만 독특한 형태의 줄기를 절지용 소재로 이용한다. 화훼 장식용 구조물을 만들 때도 많이 사용한다.

학명	*Euonymus alatus* (Thunb.) Siebold
과명	노박덩굴과 Celastraceae
속명	화살나무속 Euonymus
영명	Wind spindle tree, Winged spindle
형태 분류	라인
줄기색	✽ 갈색
시중에 유통되는 시기	1 2 3 4 5 6 7 8 9 10 11 12

✽ 꽃말 : 위험한 장난, 냉정

흰말채나무

다른 이름 : 붉은말채, 홍서목

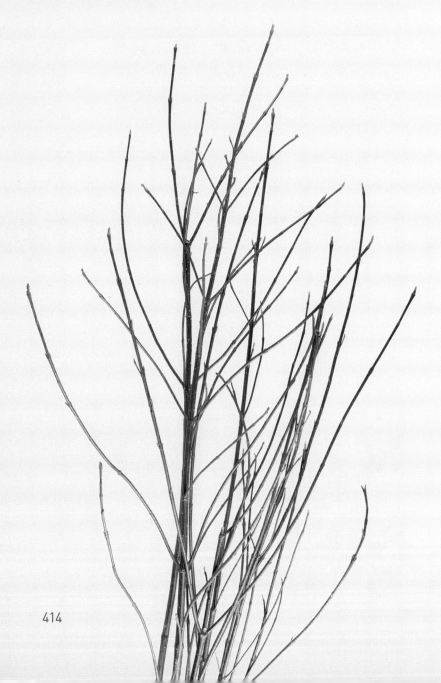

층 층층나뭇과의 낙엽 활엽 아교목으로 5~6월에 하얀색 꽃이 취산화서로 피고, 8~9월에 타원형 열매가 하얗게 익는다. 꽃이 하얀색이라 '흰말채나무'라고 하지만 녹색이던 줄기가 가을에서 겨울에 걸쳐 붉은색으로 변하기 때문에 붉은말채, 홍서목((紅瑞木)이라고도 한다. 정원수로도 많이 심으며, 길고 곧은 줄기가 아름답고 잘 휘어져서 선을 표현하는 라인 소재로 화훼 장식에 많이 이용된다.

학명	*Cornus alba* spp.
과명	층층나뭇과 Cornaceae
속명	층층나무속 Cornus
영명	Red-bark dogwood, Tatarian dogwood, Siberian dogwood
형태 분류	라인
줄기색	❀ ❀ 빨강, 녹색
시중에 유통되는 시기	1 2 3 4 5 6 7 8 9 10 11 12

❀ 꽃말 : 당신을 보호해 드리겠습니다.

415

열매

꽈리

다른 이름 : 고랑채, 등룡초, 홍낭자, 산장, 왕모주

가짓과의 여러해살이 초화로 거친 질감을 가진 초롱 모양 주머니 속에 동그란 열매가 맺는데, 빨갛게 익으면 식용할 수 있다. 전체 말린 것은 '산장(酸漿)'이라 하여 한방에서 해열약으로 쓴다. 예전부터 마을 부근에 원예용으로 많이 심어 왔으며, 절화 시장에는 빨갛게 익기 전에 녹색 상태로 유통된다. 드라이 소재로 말려서 사용하기도 한다.

학명	*Physalis alkekengi* var. *francheti* (Mast.) Makino
과명	가짓과 Solanaceae
속명	꽈리속 Physalis
영명	Winter cherry, Chinese lantern plant
형태 분류	매스, 라인
열매색	✿ ✿ 주황, 초록
시중에 유통되는 시기	1 2 3 4 5 6 7 8 9 10 11 12

✿ 꽃말 : 수줍음, 조용한 미, 약함, 자연미, 거짓

낙상홍

다른 이름 : 경모동청

감탕나뭇과의 낙엽 활엽 관목으로 9~10월에 열매가 붉게 익는데, 서리가 내려 잎이 지고 난 뒤에도 붉은 열매가 그대로 있다 하여 '낙상홍(落霜紅)'이라고 한다. 선명한 색의 아름다운 열매가 겨울까지 남아 관상 가치가 높기 때문에 정원수나 분재로 많이 심는다. 절화로 사용할 경우에는 열매가 잘 떨어지므로 다룰 때 주의한다. 품종 개량으로 흰색, 노란색 등 다양한 색의 열매를 맺는 종도 있으며, 낙상홍보다 열매가 더 많이 달리는 미국낙상홍(*Ilex verticillata* (L.) A.Gray)도 도입되어 많이 심는다.

학명	*Ilex serrata* spp.
과명	감탕나뭇과 Aquifoliaceae
속명	감탕나무속 Ilex
영명	Japanese winterberry
형태 분류	매스, 라인
열매색	✽ ✽ ✽ 빨강, 하양, 노랑
시중에 유통되는 시기	1 2 3 4 5 6 7 8 9 10 11 12

✿ 꽃말 : 명랑

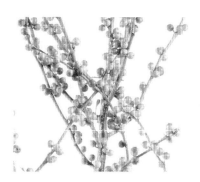

노랑혹가지

다른 이름 : 여우상, 여우얼굴, 뿔가지

울퉁불퉁한 열매의 형태가 여우 얼굴을 닮았다 하여 폭스페이스 (fox face), 즉 '여우얼굴'이라는 이름으로 많이 불리는 독특하게 생긴 식물로, 열매는 성숙할수록 녹색에서 노란색으로 변하며 광택이 난다. 꽃꽂이 소재로 이용하거나 화단용으로 심어 관상한다. 보통 절화 시장에서는 굵고 긴 줄기에 열매가 달린 채 유통되는데, 그 상태로 중량감을 살려 큰 디자인에 사용하거나 열매만 뜯어서 모양을 내기도 한다.

학명	*Solanum mammosum* L.
과명	가짓과 Solanaceae
속명	가지속 Solanum
영명	Nipple fruit, Tiddy fruit, Cow's udder
형태 분류	라인, 폼
열매색	✽ ✽ 노랑, 초록
시중에 유통되는 시기	1 2 3 4 5 6 7 8 9 10 11 12

✽ 꽃말 : 거짓말

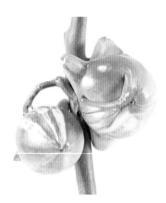

백당나무 열매

다른 이름 : 목수국 열매, 청백당나무 열매

인동과의 낙엽 활엽 관목인 백당나무는 흔히 목수국이라 하며, 5~6월에 흰색 꽃이 산방 화서로 달리고, 9월에 둥근 열매가 붉게 익는다. 꽃은 수국과 마찬가지로 물을 좋아하며, 잎이 금방 시들어 버리는 단점이 있다. 산분꽃나무속에 속하는 품종은 많은데, 그 중 윤기 있는 선명한 붉은색 열매가 많이 이용되는 것은 백당나무 콤팍툼(Viburnum opulus 'Compactum')이다. 열매가 붉게 익기 전에 녹색 상태로도 활용한다.

학명	*Viburnum opulus* L. var. *calvescens* (Rehder) H. Hara
과명	인동과 Caprifoliaceae
속명	산분꽃나무속 Viburnum
영명	Smooth-cranberrybush viburnum, Cranberry bush, Sargent viburnum
형태 분류	라인, 필러, 매스
열매색	✳ ❋ 초록, 빨강
시중에 유통되는 시기	1 2 3 4 5 6 7 8 9 10 11 12

❋ 꽃말 : 마음

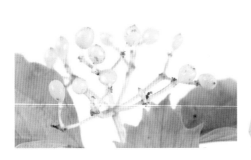

양귀비 열매

다른 이름 : 아편꽃 열매, 앵속 열매

양귀비과의 한해살이풀로 긴 줄기 끝에 부드럽고 섬세한 질감의 꽃 한 송이가 핀다. 다양한 품종이 있는데, 달걀 모양의 둥근 열매를 맺는 양귀비(*Papaver somniferum* L.)는 아편의 재료가 되기 때문에 아편꽃이라고 불리며, 우리나라에서는 법으로 재배가 금지되어 있다. 흔히 절화 시장에 유통되는 것은 아이슬란드포피(Poppy iceland)라는 이름의 마약 성분이 없는 꽃양귀비(*Papaver nudicaule* L.)이며, 줄기에 녹색 열매가 붙은 상태로도 유통된다.

학명	*Papaver* spp.
과명	양귀비과 Papaveraceae
속명	양귀비속 Papaver
영명	Poppy
형태 분류	라인, 매스
열매색	✳ 초록
시중에 유통되는 시기	1 2 3 4 5 6 7 8 9 10 11 12

✳ 꽃말 : 위로, 위안, 망각

연밥

다른 이름 : 연자, 연실, 가방

여러해살이 수초로 연못이나 습지에서 자라는 연꽃의 열매를 연밥이라고 한다. 마치 벌집을 뒤집어 놓은 것 같은 형상으로 평평한 표면에 구멍이 송송 나서 종자가 볼록볼록 튀어나온 특이한 모양이다. 절화 시장에서는 연두색이나 연붉은색의 생초(生草)나 갈색으로 건조시킨 드라이 소재가 유통되는데, 건조시킨 것은 보통 줄기를 떼어 내고 대신 대나무나 철사를 끼워서 사용한다.

학명	*Nelumbo nucifera* Gaertn.
과명	수련과 Nymphaeaceae
속명	연속 Nelumbo
영명	Lotus pip, Lotus seed
형태 분류	라인, 폼, 매스
열매색	✿ ✿ 초록, 갈색
시중에 유통되는 시기	1 2 3 4 5 6 7 8 9 10 11 12

✿ 꽃말 : 청순, 순결

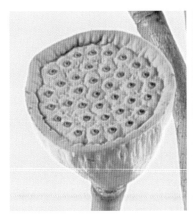

청미래덩굴

다른 이름 : 망개, 명감, 산귀래, 선유량

백합과의 낙엽 활엽 덩굴성 관목으로 5월에 노란색을 띤 녹색 꽃이 산형 화서로 피고, 9~10월에 둥근 열매가 빨갛게 익는다. 어린순은 나물로 먹고, 뿌리는 약용으로 쓴다. 최근엔 열매가 붙은 가지의 관상 가치가 높아져 화훼 장식용으로 이용하는데, 절화 시장에는 녹색 열매나 붉은색 열매가 붙어 있는 덩굴 줄기 상태로 유통된다. 흔히 '망개'라는 이름으로 불리는데, 사실 '망개나무'는 갈매나뭇과에 속하는 낙엽 활엽 교목으로 전혀 다른 나무이다.

학명	*Smilax china* L.
과명	백합과 Liliaceae
속명	청미래덩굴속 Smilax
영명	East asian greenbrier, Wild smilax, China root
형태 분류	라인, 매스, 필러
열매색	✿ ❀ 초록, 빨강
시중에 유통되는 시기	1 2 3 4 5 6 7 8 9 10 11 12

✿ 꽃말 : 장난

화초고추

다른 이름 : 꽃고추, 하늘고추, 화초하늘고추, 고추초

고추를 관상용으로 개량해 만든, 가짓과의 한해살이 초화로 가는 가지 끝에 선명한 색의 열매들이 위를 향해 자란다. 열매는 품종에 따라 동그란 형태나 길쭉한 형태가 있고, 하나의 가지에 색이 다른 열매가 달리기도 하며, 열매 색이 처음 색에서 최종 색으로 점차 변색되어 가는 과정을 즐기는 재미도 있다. 분화용으로 많이 기르며, 절화용은 잎이 제거된 상태로 유통된다. 드라이 소재로 말려서 사용하기도 한다.

학명	*Capsicum annuum* var.
과명	가짓과 Solanaceae
속명	고추속 Capsicum
영명	Capsicum pepper, Chili pepper
형태 분류	필러, 매스
열매색	✳ ✳ ✳ ✳ ✳ ✳ 빨강, 주황, 노랑, 초록, 보라, 검정
시중에 유통되는 시기	1 2 3 4 5 6 7 8 9 10 11 12

✳ 꽃말 : 신랄하다, 총명

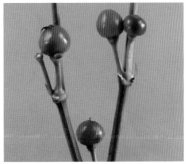

화초토마토

다른 이름 : 호박화초가지, 꽃가지, 화초가지

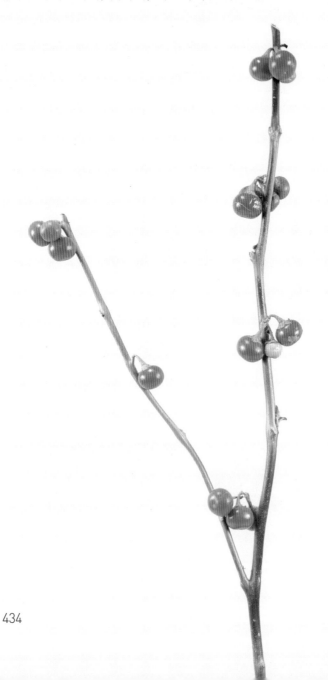

작은 열매가 토마토를 닮아 보통 '화초토마토'라는 이름으로 유통되지만 가짓과에 속하는 한해살이 식물로 열매를 감상하는 관상용 가지이다. 잎은 가지, 열매는 호박을 닮았다 하여 호박화초가지라고도 한다. 광택 있는 열매는 익어 감에 따라 하얀 색에서 주황색, 붉은색으로 점차 변해 간다. 절화 시장에는 화훼 장식용으로 열매가 맺힌 채 유통되는데, 수명이 짧은 편이고 부패가 빠르므로 취급에 주의한다. 요즘에는 가정에서도 분화로 많이 기른다.

학명	*Solanum aethiopicum*
과명	가짓과 Solanaceae
속명	가지속 Solanum
영명	Ethiopian eggplant , Mock tomato, Ethiopian nightshade, Bitter tomato
형태 분류	라인, 매스
열매색	✳ ✲ ✳ ✺ ✳ 빨강, 노랑, 주황, 하양, 초록
시중에 유통되는 시기	1 2 3 4 5 6 7 8 9 10 11 12

✿ 꽃말 : 완성된 미

화초호박

다른 이름 : 꽃호박, 색동호박

박과의 한해살이 덩굴성 식물로 식용이 아닌 관상용으로 재배되는 페포계(pepo系) 호박을 말한다. 개량에 따라 둥근 모양, 술병 모양 등 형태가 다양하고 색과 크기도 여러 가지이다. 무늬가 있는 것도 있고, 색이 섞인 것, 표면이 울퉁불퉁한 것에서 매끄러운 것까지 그 종류가 참 많다. 관상 가치가 높아서 화훼 장식용뿐 아니라 공간을 꾸미는 소재로도 활용되며, 정원 등에 덩굴로 심어 기르기도 한다.

학명	*Cucurbita pepo* var.
과명	박과 Cucurbitaceae
속명	호박속 Cucurbita
영명	Fancy gourd, Ornamental gourd
형태 분류	폼
열매색	✱ ✱ ✱ ✱ ✱ 노랑, 주황, 하양, 초록, 믹스
시중에 유통되는 시기	1 2 3 4 5 6 7 8 9 10 11 12

✱ 꽃말 : 사랑의 용기, 나의 마음은 아름답다.

437

히페리쿰

다른 이름 : 물레나물, 투싼, 금사도

물레나물속에 속하는 식물을 총칭하여 히페리쿰이라고 한다. 다양한 품종이 있으며, 여름에 노란색 꽃이 피는데 꽃이 오래 가지 않고 열매가 아름다워 절화 시장에는 열매가 맺히는 품종이 유통된다. 녹색 꽃받침 위에 도토리를 닮은 귀여운 열매가 하늘을 향해 위로 달리며, 원종은 붉은색 열매를 맺지만 품종 개량에 따라 최근엔 다양한 색의 열매를 볼 수 있다. 절화 후에는 잎이 빠르게 건조되기 때문에 디자인할 때는 잎을 제거하고 열매만 사용한다.

학명	*Hypericum* spp.
과명	물레나물과 Guttiferae
속명	물레나물속 Hypericum
영명	Hypericum, Tutsan
형태 분류	매스, 필러
열매색	✳ ✳ ✳ ✳ ✳ ✳ 빨강, 분홍, 주황, 노랑, 초록, 갈색
시중에 유통되는 시기	1 2 3 4 5 6 7 8 9 10 11 12

✳ 꽃말 : 당신을 버리지 않겠어요

│ 찾아보기 │

[ㄱ]

가는잎조팝나무 ---------- 258
개나리 ---------------- 260
갯버들 ---------------- 262
거베라 ---------------- 10
고수 ------------------ 12
골든볼 ---------------- 14
공작초 ---------------- 16
공조팝나무 ------------ 264
과꽃 ------------------ 18
광나무 ---------------- 266
국화 ------------------ 20
극락조화 -------------- 22
글라디올러스 ---------- 24
글로리오사 ------------ 26
금어초 ---------------- 28
금잔화 ---------------- 30
꽃범의꼬리 ------------ 32
꽃양배추 -------------- 268
꽈리 ------------------ 418
끈끈이대나물 ---------- 34

[ㄴ]

나리 ------------------ 36
낙상홍 ---------------- 420
남천 ------------------ 270

너도밤나무 ------------ 272
네리네 ---------------- 38
네프롤레피스 ---------- 274
노랑말채나무 ---------- 276
노랑혹가지 ------------ 422
노박덩굴 -------------- 278

[ㄷ]

다래나무 -------------- 280
다정큼나무 ------------ 282
달리아 ---------------- 40
델피니움 -------------- 42
도라지 ---------------- 44
동백나무 -------------- 284
두메부추 -------------- 46
드라세나 -------------- 286
등골나물 -------------- 48

[ㄹ]

라넌큘러스 버터플라이 ----- 52
라넌큘러스 ------------ 50
라이스플라워 ---------- 54
라일락 ---------------- 56
라티폴리움 ------------ 288
레몬잎 ---------------- 290
레우카덴드론 ---------- 292
레이스플라워 ---------- 58
루드베키아 ------------ 60
루모라고사리 ---------- 294
루스쿠스 -------------- 296
루피너스 -------------- 62
리시안서스 ------------ 64

리아트리스 － － － － － － － － － 66

[ㅁ]

마취목 － － － － － － － － 298
만첩홍매화 － － － － － － － 300
말냉이 － － － － － － － － － 302
맥문아재비 － － － － － － － 304
맨드라미 － － － － － － － － 68
메리골드 － － － － － － － － 70
멕시칸세이지 － － － － － － 72
모나라벤더 － － － － － － － 74
모카라 － － － － － － － － － 76
목련 － － － － － － － － － － 306
몬스테라 － － － － － － － － 308
몬트부레치아 － － － － － － 78
무늬둥굴레 － － － － － － － 310
무스카리 － － － － － － － － 80
물망초꽃 － － － － － － － － 82
미국자리공 － － － － － － － 312
미메테스 － － － － － － － － 84
밀짚꽃 － － － － － － － － － 86

[ㅂ]

반다 － － － － － － － － － － 88
밥티시아 － － － － － － － － 90
방크시아 － － － － － － － － 92
배어그래스 － － － － － － － 314
백당나무 열매 － － － － － － 424
백묘국 － － － － － － － － － 316
백일홍 － － － － － － － － － 94
버질리아 － － － － － － － － 96
벚나무 － － － － － － － － － 318

베로니카 － － － － － － － － 98
복숭아꽃 － － － － － － － － 100
부들 － － － － － － － － － － 320
부들레야 － － － － － － － － 102
부바르디아 － － － － － － － 104
부플레움 － － － － － － － － 106
불두화 － － － － － － － － － 108
불로초 － － － － － － － － － 110
붉나무 － － － － － － － － － 322
브루니아 － － － － － － － － 112
블러싱브라이드 － － － － － 114

[ㅅ]

사스레피나무 － － － － － － 324
사철나무 － － － － － － － － 326
산당화 － － － － － － － － － 328
산수유나무 － － － － － － － 330
삼나무 － － － － － － － － － 332
삼지닥나무 － － － － － － － 334
상사화 － － － － － － － － － 116
샐비어 － － － － － － － － － 118
서양측백나무 － － － － － － 336
석송 － － － － － － － － － － 338
석죽 － － － － － － － － － － 120
석화버들 － － － － － － － － 340
설악초 － － － － － － － － － 342
소귀나무 － － － － － － － － 344
소철 － － － － － － － － － － 346
속새 － － － － － － － － － － 348
솔리다고 － － － － － － － － 122
솔리다스터 － － － － － － － 124
수국 － － － － － － － － － － 126
수선화 － － － － － － － － － 128

수수 --------------- 350
숙근스타티스 --------- 130
숙근안개초 ---------- 132
쉬땅나무 ----------- 352
스카비오사 ---------- 134
스타티세 ----------- 136
스톡 ------------- 138
신서란 ------------ 354
심비디움 ----------- 140
쑥국화 ------------ 142

[ㅇ]

아가판서스 ---------- 144
아게라툼 ----------- 146
아네모네 ----------- 148
아레카야자 ---------- 356
아마릴리스 ---------- 150
아스클레피아스 -------- 152
아스틸베 ----------- 154
아스파라거스 덴시플로루스 -- 358
아스파라거스 세타케우스 --- 360
아스파라거스 아스파라고이데스 362
아스플레니움 --------- 364
아이리스 ----------- 156
아이비 ------------ 366
아킬레아 ----------- 158
아티초크 ----------- 160
안수리움 ----------- 162
알리움 기간테움 ------- 164
알리움 네아폴리타눔 ----- 166
알스트로메리아 -------- 168
암대극 ------------ 170
애기사과나무 --------- 368

양귀비 열매 --------- 426
에린기움 ----------- 172
에키네시아 ---------- 174
에키놉스 ----------- 176
연밥 ------------- 428
엽란 ------------- 370
오니소갈룸 ---------- 178
오렌지재스민 --------- 372
오리나무 ----------- 374
왁스플라워 ---------- 180
왕버들 ------------ 376
용담 ------------- 182
용버들 ------------ 378
유채 ------------- 184
유칼립투스 ---------- 380
율두스 ------------ 186
익시아 ------------ 188
잎안개 ------------ 190

[ㅈ]

작약 ------------- 192
장미 ------------- 194
제비고깔 ----------- 196
조 -------------- 382
줄맨드라미 ---------- 198
중대가리나무 --------- 384

[ㅊ]

천일홍 ------------ 200
철쭉 ------------- 202
청미래덩굴 ---------- 430
층꽃나무 ----------- 204

[ㅋ]

카네이션 ----------- 206
칼라 -------------- 208
칼라테아 ----------- 386
칼랑코에 ----------- 210
캄파눌라 ----------- 212
캥거루발톱 --------- 214
케로네 리오니 ------- 216
코랄펀 ------------ 388
코르딜리네 --------- 390
코치아 ------------ 392
쿠르쿠마 ----------- 218
클레마티스 --------- 220

[ㅌ]

테이블야자 --------- 394
튤립 -------------- 222
트라첼리움 --------- 224
트리토마 ----------- 226
트위디아 ----------- 228
티젤 -------------- 230

[ㅍ]

파니쿰 ------------ 396
팔레놉시스 --------- 232
팔손이 ------------ 400
팥꽃나무 ----------- 398
펜스테몬 ----------- 234
편백나무 ----------- 402
풀또기 ------------ 236
풀협죽도 ----------- 238
프로테아 ----------- 240

프리지어 ----------- 242
피마자 ------------ 404
핀쿠션 ------------ 244
필로덴드론 셀로움 ----- 406
필로덴드론 제나두 ----- 408

[ㅎ]

해바라기 ----------- 246
협죽도 ------------ 248
홍가시나무 --------- 410
홍조팝 ------------ 250
홍화 -------------- 252
화살나무 ----------- 412
화초고추 ----------- 432
화초토마토 --------- 434
화초호박 ----------- 436
흰말채나무 --------- 414
히아신스 ----------- 254
히페리쿰 ----------- 438

443

Florist

화훼장식용 꽃식물 도감

2017년 1월 10일 1판 1쇄
2020년 7월 15일 2판 1쇄
(증보판)

저자 : 김혜정
펴낸이 : 이정일

펴낸곳 : 도서출판 **일진사**
www.iljinsa.com
04317 서울시 용산구 효창원로 64길 6
대표전화 : 704-1616, 팩스 : 715-3536
등록번호 : 제1979-000009호(1979.4.2)

값 25,000원

ISBN : 978-89-429-1639-9